교과서 연계 연산 강화 프로젝트
속도와 정확성을 동시에 잡는 연산 훈련서

쌤과

쌍둥이 연산노트

초등 12단계

6·2

예습책

1일 2쪽
한 달 완성

이젠교육
EZEN EDUCATION

이젠수학연구소 지음

이젠수학연구소는 유아에서 초중고까지 학생들이 수학의 바른길을 찾아갈 수 있도록 수학 학습법을 연구하는 이젠교육의 수학 연구소입니다. 수학 실력은 하루아침에 완성되지 않으며, 다양한 경험을 통해 발달합니다. 그길에 친구가 되고자 노력합니다.

예습은 적극적인 수업참여와
달라진 학습태도를 갖게해요!

쌤과 맘이 만든
쌍둥이 연산 노트 6-2 예습책 (초등 12단계)

지 은 이 이젠수학연구소
펴 낸 이 임요병
펴 낸 곳 ㈜이젠미디어
출판등록 제 2020-000073호
주 소 서울시 영등포구 양평로 22길 21 코오롱디지털타워 404호
전 화 (02)324-1600
팩 스 (031)941-9611

개발책임 최철훈
편 집 ㈜성지이디피
디 자 인 이순주, 최수연
제 작 이성기
마 케 팅 김남미
인스타그램 @ezeneducation
블 로 그 http://blog.naver.com/ezeneducation

@이젠교육
ISBN 979-11-90880-62-6

쌤과 맘이 만든

쌍둥이 연산노트

초등 12단계

6·2 예습책

쌍둥이 연산 노트

한눈에 보기

1학년

1학기 단원	1학기 학습 내용
9까지의 수	· 9까지의 수의 순서 알기 · 수를 세어 크기 비교하기
덧셈	· 9까지의 수 모으기 · 합이 9까지인 덧셈하기
뺄셈	· 9까지의 수 가르기 · 한 자리 수의 뺄셈하기
50까지의 수	· 십몇 알고 모으기와 가르기 · 50까지의 수의 순서 알기 · 50까지의 수의 크기 비교

2학기 단원	2학기 학습 내용
100까지의 수	· 100까지의 수의 순서 알기 · 100까지 수의 크기 비교하기
덧셈(1)	· (몇십몇)+(몇십몇) · 합이 한 자리 수인 세 수의 덧셈
뺄셈(1)	· (몇십몇)−(몇십몇) · 계산 결과가 한 자리 수인 세 수의 뺄셈
덧셈(2)	· 세 수의 덧셈 · 받아올림이 있는 (몇)+(몇)
뺄셈(2)	· 세 수의 뺄셈 · 받아내림이 있는 (십몇)−(몇)

2학년

1학기 단원	1학기 학습 내용
세 자리 수	· 세 자리 수의 자릿값 알기 · 수의 크기 비교
덧셈	· 받아올림이 있는 (두 자리 수)+(두 자리 수) · 세 수의 덧셈
뺄셈	· 받아내림이 있는 (두 자리 수)−(두 자리 수) · 세 수의 뺄셈
곱셈	· 몇 배인지 알아보기 · 곱셈식으로 나타내기

2학기 단원	2학기 학습 내용
네 자리 수	· 네 자리 수 알기 · 두 수의 크기 비교
곱셈구구	· 2~9단 곱셈구구 · 1의 단, 0과 어떤 수의 곱
길이 재기	· 길이의 합 · 길이의 차
시각과 시간	· 시각 읽기 · 시각과 분 사이의 관계 · 하루, 1주일, 달력 알기

3학년

1학기 단원	1학기 학습 내용
덧셈	· 받아올림이 있는 (세 자리 수)+(세 자리 수)
뺄셈	· 받아내림이 있는 (세 자리 수)−(세 자리 수)
나눗셈	· 곱셈과 나눗셈의 관계 · 나눗셈의 몫 구하기
곱셈	· 올림이 있는 (몇십몇)×(몇)
길이와 시간의 덧셈과 뺄셈	· 길이의 덧셈과 뺄셈 · 시간의 덧셈과 뺄셈
분수와 소수	· 분모가 같은 분수의 크기 비교 · 소수의 크기 비교

2학기 단원	2학기 학습 내용
곱셈	· 올림이 있는 (세 자리 수)×(한 자리 수) · 올림이 있는 (몇십몇)×(몇십몇)
나눗셈	· 나머지가 있는 (몇십몇)÷(몇) · 나머지가 있는 (세 자리 수)÷(한 자리 수)
분수	· 진분수, 가분수, 대분수 · 대분수를 가분수로 나타내기 · 가분수를 대분수로 나타내기 · 분모가 같은 분수의 크기 비교
들이와 무게	· 들이의 덧셈과 뺄셈 · 무게의 덧셈과 뺄셈

쌍둥이 연산 노트는 **수학 교과서의 연산과 관련된 모든 영역의 문제를**
학교 수업 차시에 맞게 구성하였습니다.

4학년

1학기

단원	학습 내용
큰 수	· 다섯 자리 수 · 천만, 천억, 천조 알기 · 수의 크기 비교
각도	· 각도의 합과 차 · 삼각형의 세 각의 크기의 합 · 사각형의 네 각의 크기의 합
곱셈	· (몇백)×(몇십) · (세 자리 수)×(두 자리 수)
나눗셈	· (몇백몇십)÷(몇십) · (세 자리 수)÷(두 자리 수)

2학기

단원	학습 내용
분수의 덧셈	· 분모가 같은 분수의 덧셈 · 진분수 부분의 합이 1보다 큰 대분수의 덧셈
분수의 뺄셈	· 분모가 같은 분수의 뺄셈 · 받아내림이 있는 대분수의 뺄셈
소수의 덧셈	· (소수 두 자리 수)+(소수 두 자리 수) · 자릿수가 다른 소수의 덧셈
소수의 뺄셈	· (소수 두 자리 수)−(소수 두 자리 수) · 자릿수가 다른 소수의 뺄셈
다각형	· 삼각형, 평행사변형, 마름모, 직사각형의 각도와 길이 구하기

5학년

1학기

단원	학습 내용
자연수의 혼합 계산	· 덧셈, 뺄셈, 곱셈, 나눗셈이 섞여 있는 식 계산하기
약수와 배수	· 약수와 배수 · 최대공약수와 최소공배수
약분과 통분	· 약분과 통분 · 분수와 소수의 크기 비교
분수의 덧셈과 뺄셈	· 받아올림이 있는 분수의 덧셈 · 받아내림이 있는 분수의 뺄셈
다각형의 둘레와 넓이	· 정다각형의 둘레 · 사각형, 평행사변형, 삼각형, 마름모, 사다리꼴의 넓이

2학기

단원	학습 내용
어림하기	· 올림, 버림, 반올림
분수의 곱셈	· (분수)×(자연수) · (자연수)×(분수) · (분수)×(분수) · 세 분수의 곱셈
소수의 곱셈	· (소수)×(자연수) · (자연수)×(소수) · (소수)×(소수) · 곱의 소수점의 위치
자료의 표현	· 평균 구하기

6학년

1학기

단원	학습 내용
분수의 나눗셈	· (자연수)÷(자연수) · (분수)÷(자연수)
소수의 나눗셈	· (소수)÷(자연수) (지연수) : (지연수)
비와 비율	· 비와 비율 구하기 · 비율을 백분율, 백분율을 비율로 나타내기
직육면체의 부피와 겉넓이	· 직육면체의 부피와 겉넓이 · 정육면체의 부피와 겉넓이

2학기

단원	학습 내용
분수의 나눗셈	· (진분수)÷(진분수) · (자연수)÷(분수) · (대분수)÷(대분수)
소수의 나눗셈	· (소수)÷(소수) · (자연수)÷(소수) · 몫을 반올림하여 나타내기
비례식과 비례배분	· 간단한 자연수의 비로 나타내기 · 비례식과 비례배분
원주와 원의 넓이	· 원주, 지름, 반지름 구하기 · 원의 넓이 구하기

쌍둥이 연산 노트

구성과 유의점

단원	학습 내용	지도 시 유의점	표준 시간
분수의 나눗셈	01 분모가 같은 (진분수)÷(진분수)(1)	그림으로 분모가 같은 (진분수)÷(진분수) 상황을 이해하게 하고, 분모가 같은 (진분수)÷(진분수)의 계산 원리를 이해하게 합니다.	15분
	02 분모가 같은 (진분수)÷(진분수)(2)		15분
	03 분모가 다른 (진분수)÷(진분수)(1)	분모가 다른 (진분수)÷(진분수)의 계산 원리를 이해하고 계산하게 합니다.	15분
	04 분모가 다른 (진분수)÷(진분수)(2)		15분
	05 (자연수)÷(진분수)(1)	(자연수)÷(진분수)의 계산 원리를 이해하고 계산하게 합니다.	15분
	06 (자연수)÷(진분수)(2)		15분
	07 (자연수)÷(가분수)(1)	(자연수)÷(가분수)의 계산 원리를 이해하고 계산하게 합니다.	15분
	08 (자연수)÷(가분수)(2)		15분
	09 (진분수)÷(대분수)(1)	분모가 다른 (진분수)÷(대분수)를 분수의 곱셈으로 나타낼 수 있음을 이해하게 합니다.	15분
	10 (진분수)÷(대분수)(2)		15분
	11 (대분수)÷(진분수)(1)	분모가 다른 (대분수)÷(진분수)를 분수의 곱셈으로 나타낼 수 있음을 이해하게 합니다.	15분
	12 (대분수)÷(진분수)(2)		15분
	13 (대분수)÷(대분수)(1)	분모가 다른 (대분수)÷(대분수)를 분수의 곱셈으로 나타낼 수 있음을 이해하게 합니다.	15분
	14 (대분수)÷(대분수)(2)		15분
소수의 나눗셈	01 (소수 한 자리 수)÷(소수 한 자리 수)(1)	· (소수 한 자리 수)÷(소수 한 자리 수)의 상황을 단위 변환을 사용하여 자연수의 나눗셈으로 바꾸어 계산할 수 있게 합니다. · (소수 한 자리 수)÷(소수 한 자리 수)를 분수의 나눗셈으로 바꾸어 계산할 수 있게 하고 세로 계산 방법을 유추하여 풀어 보게 합니다.	15분
	02 (소수 한 자리 수)÷(소수 한 자리 수)(2)		15분
	03 (소수 한 자리 수)÷(소수 한 자리 수)(3)		13분
	04 (소수 두 자리 수)÷(소수 두 자리 수)(1)	· (소수 두 자리 수)÷(소수 두 자리 수)의 상황을 단위 변환을 사용하여 자연수의 나눗셈으로 바꾸어 계산할 수 있게 합니다. · (소수 두 자리 수)÷(소수 두 자리 수)를 분수의 나눗셈으로 바꾸어 계산할 수 있게 하고 세로 계산 방법을 유추하여 풀어 보게 합니다.	15분
	05 (소수 두 자리 수)÷(소수 두 자리 수)(2)		15분
	06 (소수 두 자리 수)÷(소수 두 자리 수)(3)		13분
	07 (소수 두 자리 수)÷(소수 한 자리 수)(1)	· (소수 두 자리 수)÷(소수 한 자리 수)의 상황을 단위 변환을 사용하여 자연수의 나눗셈으로 바꾸어 계산할 수 있게 합니다. · (소수 두 자리 수)÷(소수 한 자리 수)를 분수의 나눗셈으로 바꾸어 계산할 수 있게 하고 세로 계산 방법을 유추하여 풀어 보게 합니다.	15분
	08 (소수 두 자리 수)÷(소수 한 자리 수)(2)		13분
	09 (소수 두 자리 수)÷(소수 한 자리 수)(3)		13분

◆ 차시별 2쪽 구성으로 차시의 중요도별로 A~C단계로 2~6쪽까지 집중적으로 학습할 수 있습니다.
◆ 차시별 예습 2쪽+복습 2쪽 구성으로 시기별로 2번 반복할 수 있습니다.

단원	학습 내용	지도 시 유의점	표준 시간
소수의 나눗셈	10 (자연수)÷(소수 한 자리 수)(1)	· (자연수)÷(소수 한 자리 수)를 분수의 나눗셈으로 바꾸어 몫을 구하게 합니다. · 나눗셈에서 나누어지는 수와 나누는 수에 10을 똑같이 곱하여도 몫이 변하지 않는다는 사실을 이용하여 세로 계산 방법을 유추하여 활용하게 합니다.	15분
	11 (자연수)÷(소수 한 자리 수)(2)		15분
	12 (자연수)÷(소수 한 자리 수)(3)		13분
	13 (자연수)÷(소수 두 자리 수)(1)	· (자연수)÷(소수 두 자리 수)를 분수의 나눗셈으로 바꾸어 몫을 구하게 합니다. · 나눗셈에서 나누어지는 수와 나누는 수에 10을 똑같이 곱하여도 몫이 변하지 않는다는 사실을 이용하여 세로 계산 방법을 유추하여 활용하게 합니다.	15분
	14 (자연수)÷(소수 두 자리 수)(2)		13분
	15 (자연수)÷(소수 두 자리 수)(3)		15분
	16 몫을 자연수 부분까지 구하기(1)	몫이 나누어떨어지지 않는 나눗셈 문제 상황을 나눗셈식으로 표현하고 몫을 어림하게 합니다.	9분
	17 몫을 자연수 부분까지 구하기(2)		15분
	18 몫을 반올림하여 나타내기(1)	나눗셈의 몫을 소수 각 자릿수에서 반올림하는 법을 이해하고 활용하게 합니다.	9분
	19 몫을 반올림하여 나타내기(2)		13분
비례식과 비례배분	01 비의 성질(1)	비의 전항과 후항에 0이 아닌 같은 수를 곱하여도 비율이 같고, 비의 전항과 후항을 0이 아닌 같은 수로 나누어도 비율이 같음을 이해하게 합니다.	9분
	02 비의 성질(2)		9분
	03 간단한 자연수의 비로 나타내기(1)	비의 성질을 이용하여 주어진 비를 간단한 자연수의 비로 나타내게 합니다.	15분
	04 간단한 자연수의 비로 나타내기(2)		15분
	05 비례식의 성질	□가 있는 비례식에서 비례식의 성질을 활용하여 □의 값을 구해 보게 합니다.	15분
	06 비례배분	비례배분의 의미를 이해하고 주어진 양을 비례배분하게 합니다.	9분
원주와 원의 넓이	01 원주 구하기	원주율을 이용하여 원주를 구하게 합니다.	11분
	02 지름 또는 반지름 구하기	원주율을 이용하여 원의 지름과 반지름을 구하게 합니다.	15분
	03 원의 넓이 구하기	원의 넓이를 구하는 방법을 이해하고, 원의 넓이를 구하게 합니다.	11분

01 분모가 같은 (진분수)÷(진분수)

○ $\frac{3}{4} \div \frac{1}{4}$의 계산

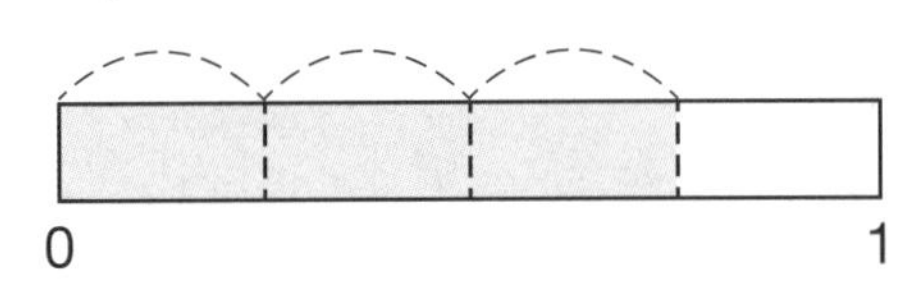

➡ $\frac{3}{4}$에서 $\frac{1}{4}$을 3번 덜어 낼 수 있으므로

$\frac{3}{4} \div \frac{1}{4}=3$입니다.

○ $\frac{4}{5} \div \frac{2}{5}$의 계산

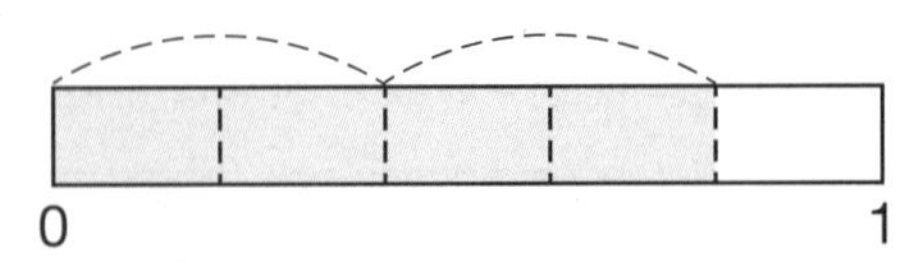

➡ $\frac{4}{5}$에서 $\frac{2}{5}$를 2번 덜어 낼 수 있으므로

$\frac{4}{5} \div \frac{2}{5}=2$입니다.

원리 비법 분모가 같을 때에는 **분자끼리** 나눗셈을 하면 돼!

그림을 보고 □ 안에 알맞은 수를 써넣으세요.

1

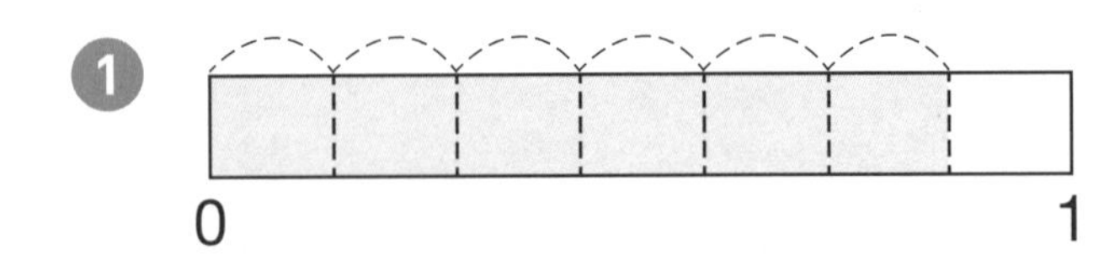

➡ $\frac{6}{7} \div \frac{1}{7}=$□

2

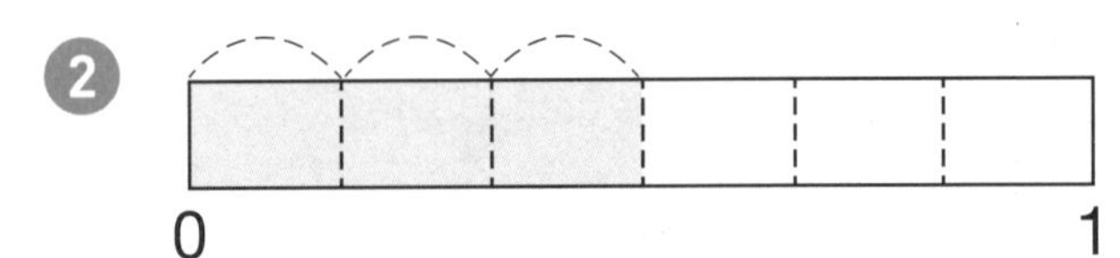

➡ $\frac{3}{6} \div \frac{1}{6}=$□

3

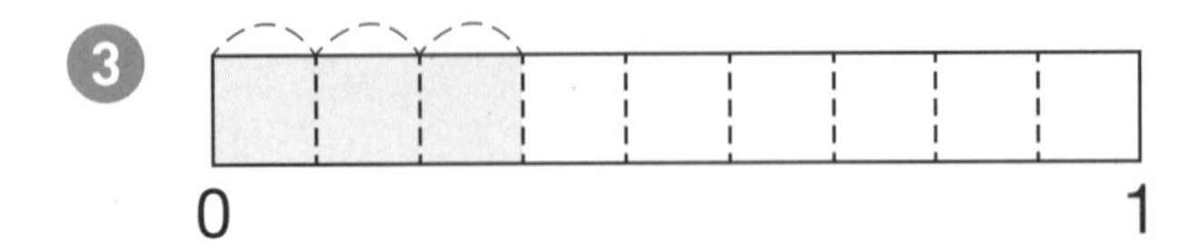

➡ $\frac{3}{9} \div \frac{1}{9}=$□

4

➡ $\frac{4}{8} \div \frac{1}{8}=$□

5

➡ $\frac{6}{8} \div \frac{2}{8}=$□

6

➡ $\frac{6}{7} \div \frac{3}{7}=$□

7

➡ $\frac{4}{9} \div \frac{2}{9}=$□

8

➡ $\frac{4}{5} \div \frac{2}{5}=$□

정답 92쪽

공부한 날짜	맞힌 개수	걸린 시간
월 일	/29	분

계산을 하세요.

⑨ $\frac{4}{10} \div \frac{2}{10}$

⑩ $\frac{6}{8} \div \frac{1}{8}$

⑪ $\frac{5}{6} \div \frac{1}{6}$

⑫ $\frac{6}{11} \div \frac{3}{11}$

⑬ $\frac{6}{7} \div \frac{2}{7}$

⑭ $\frac{7}{9} \div \frac{1}{9}$

⑮ $\frac{4}{5} \div \frac{2}{5}$

⑯ $\frac{4}{9} \div \frac{2}{9}$

⑰ $\frac{8}{9} \div \frac{2}{9}$

⑱ $\frac{3}{5} \div \frac{1}{5}$

⑲ $\frac{6}{8} \div \frac{3}{8}$

⑳ $\frac{6}{9} \div \frac{1}{9}$

㉑ $\frac{4}{5} \div \frac{1}{5}$

㉒ $\frac{8}{13} \div \frac{4}{13}$

㉓ $\frac{3}{4} \div \frac{1}{4}$

㉔ $\frac{8}{9} \div \frac{4}{9}$

㉕ $\frac{3}{7} \div \frac{1}{7}$

㉖ $\frac{4}{6} \div \frac{2}{6}$

㉗ $\frac{8}{12} \div \frac{2}{12}$

㉘ $\frac{9}{12} \div \frac{3}{12}$

㉙ $\frac{4}{11} \div \frac{2}{11}$

02 분모가 같은 (진분수)÷(진분수) B

○ $\frac{3}{5} \div \frac{2}{5}$의 계산

$$\frac{3}{5} \div \frac{2}{5} = 3 \div 2 = \frac{3}{2} = 1\frac{1}{2}$$

분자끼리의 나눗셈으로 바꿔서 계산해!

◆ □ 안에 알맞은 수를 써넣으세요.

❶ $\frac{4}{7} \div \frac{3}{7} = \square \div \square = \frac{\square}{\square} = \square\frac{\square}{\square}$

❷ $\frac{4}{5} \div \frac{3}{5} = \square \div \square = \frac{\square}{\square} = \square\frac{\square}{\square}$

❸ $\frac{7}{10} \div \frac{3}{10} = \square \div \square = \frac{\square}{\square} = \square\frac{\square}{\square}$

❹ $\frac{8}{10} \div \frac{5}{10} = \square \div \square = \frac{\square}{\square} = \square\frac{\square}{\square}$

❺ $\frac{6}{8} \div \frac{4}{8} = \square \div \square = \frac{\square}{\square} = \square\frac{\square}{\square}$

❻ $\frac{5}{6} \div \frac{3}{6} = \square \div \square = \frac{\square}{\square} = \square\frac{\square}{\square}$

❼ $\frac{8}{9} \div \frac{5}{9} = \square \div \square = \frac{\square}{\square} = \square\frac{\square}{\square}$

❽ $\frac{5}{8} \div \frac{2}{8} = \square \div \square = \frac{\square}{\square} = \square\frac{\square}{\square}$

❾ $\frac{7}{9} \div \frac{6}{9} = \square \div \square = \frac{\square}{\square} = \square\frac{\square}{\square}$

❿ $\frac{3}{4} \div \frac{2}{4} = \square \div \square = \frac{\square}{\square} = \square\frac{\square}{\square}$

정답 92쪽

공부한 날짜	맞힌 개수	걸린 시간
월 일	/31	분

계산을 하세요.

⑪ $\frac{7}{8} \div \frac{2}{8}$

⑫ $\frac{4}{7} \div \frac{2}{7}$

⑬ $\frac{8}{10} \div \frac{2}{10}$

⑭ $\frac{4}{9} \div \frac{2}{9}$

⑮ $\frac{3}{8} \div \frac{2}{8}$

⑯ $\frac{6}{10} \div \frac{2}{10}$

⑰ $\frac{9}{10} \div \frac{6}{10}$

⑱ $\frac{4}{6} \div \frac{2}{6}$

⑲ $\frac{6}{8} \div \frac{3}{8}$

⑳ $\frac{3}{5} \div \frac{2}{5}$

㉑ $\frac{8}{10} \div \frac{3}{10}$

㉒ $\frac{4}{10} \div \frac{2}{10}$

㉓ $\frac{7}{10} \div \frac{4}{10}$

㉔ $\frac{5}{6} \div \frac{4}{6}$

㉕ $\frac{5}{10} \div \frac{4}{10}$

㉖ $\frac{5}{7} \div \frac{4}{7}$

㉗ $\frac{6}{9} \div \frac{3}{9}$

㉘ $\frac{6}{9} \div \frac{4}{9}$

㉙ $\frac{4}{9} \div \frac{3}{9}$

㉚ $\frac{7}{8} \div \frac{5}{8}$

㉛ $\frac{7}{9} \div \frac{5}{9}$

03 분모가 다른 (진분수) ÷ (진분수)

○ $\frac{5}{6} \div \frac{5}{12}$의 계산

$$\frac{5}{6} \div \frac{5}{12} = \frac{10}{12} \div \frac{5}{12} = 10 \div 5 = 2$$

분모가 다를 때는 먼저 **통분**해야 해!

☐ 안에 알맞은 수를 써넣으세요.

❶ $\frac{7}{8} \div \frac{5}{40} = \frac{\square}{\square} \div \frac{5}{40}$
$= \square \div 5 = \square$

❷ $\frac{5}{9} \div \frac{5}{45} = \frac{\square}{\square} \div \frac{5}{45}$
$= \square \div 5 = \square$

❸ $\frac{6}{18} \div \frac{1}{6} = \frac{6}{18} \div \frac{\square}{\square}$
$= 6 \div \square = \square$

❹ $\frac{4}{9} \div \frac{4}{18} = \frac{\square}{\square} \div \frac{4}{18}$
$= \square \div 4 = \square$

❺ $\frac{4}{5} \div \frac{3}{15} = \frac{\square}{\square} \div \frac{3}{15}$
$= \square \div 3 = \square$

❻ $\frac{24}{32} \div \frac{3}{8} = \frac{24}{32} \div \frac{\square}{\square}$
$= 24 \div \square = \square$

❼ $\frac{5}{7} \div \frac{2}{14} = \frac{\square}{\square} \div \frac{2}{14}$
$= \square \div 2 = \square$

❽ $\frac{24}{27} \div \frac{4}{9} = \frac{24}{27} \div \frac{\square}{\square}$
$= 24 \div \square = \square$

❾ $\frac{8}{18} \div \frac{2}{9} = \frac{8}{18} \div \frac{\square}{\square}$
$= 8 \div \square = \square$

❿ $\frac{12}{18} \div \frac{2}{6} = \frac{12}{18} \div \frac{\square}{\square}$
$= 12 \div \square = \square$

정답 92쪽

공부한 날짜	맞힌 개수	걸린 시간
월 일	/31	분

계산을 하세요.

⑪ $\frac{4}{5} \div \frac{8}{20}$

⑫ $\frac{6}{8} \div \frac{8}{32}$

⑬ $\frac{8}{9} \div \frac{4}{18}$

⑭ $\frac{8}{14} \div \frac{2}{7}$

⑮ $\frac{4}{7} \div \frac{3}{21}$

⑯ $\frac{8}{20} \div \frac{2}{10}$

⑰ $\frac{6}{8} \div \frac{2}{16}$

⑱ $\frac{6}{27} \div \frac{1}{9}$

⑲ $\frac{12}{14} \div \frac{3}{7}$

⑳ $\frac{12}{18} \div \frac{2}{6}$

㉑ $\frac{6}{9} \div \frac{8}{36}$

㉒ $\frac{6}{7} \div \frac{4}{14}$

㉓ $\frac{9}{24} \div \frac{1}{8}$

㉔ $\frac{2}{4} \div \frac{3}{12}$

㉕ $\frac{4}{9} \div \frac{5}{45}$

㉖ $\frac{2}{7} \div \frac{3}{21}$

㉗ $\frac{9}{12} \div \frac{1}{4}$

㉘ $\frac{8}{20} \div \frac{1}{5}$

㉙ $\frac{3}{6} \div \frac{2}{12}$

㉚ $\frac{16}{18} \div \frac{4}{9}$

㉛ $\frac{16}{18} \div \frac{1}{9}$

04 분모가 다른 (진분수)÷(진분수) B

○ $\frac{7}{10} \div \frac{3}{5}$의 계산

$$\frac{7}{10} \div \frac{3}{5} = \frac{7}{10} \div \frac{6}{10} = 7 \div 6 = \frac{7}{6} = 1\frac{1}{6}$$

원리 비법 **분자끼리** 나눈 후 분수로 나타내!

□ 안에 알맞은 수를 써넣으세요.

❶ $\frac{16}{18} \div \frac{7}{9} = \frac{16}{18} \div \frac{\square}{\square}$

$= 16 \div \square = \frac{16}{\square} = \square$

❷ $\frac{11}{12} \div \frac{3}{4} = \frac{11}{12} \div \frac{\square}{\square}$

$= 11 \div \square = \frac{11}{\square} = \square$

❸ $\frac{2}{5} \div \frac{3}{10} = \frac{\square}{\square} \div \frac{3}{10}$

$= \square \div 3 = \frac{\square}{3} = \square$

❹ $\frac{11}{16} \div \frac{3}{8} = \frac{11}{16} \div \frac{\square}{\square}$

$= 11 \div \square = \frac{11}{\square} = \square$

❺ $\frac{10}{11} \div \frac{14}{22} = \frac{\square}{\square} \div \frac{14}{22}$

$= \square \div 14 = \frac{\square}{14} = \square$

❻ $\frac{4}{6} \div \frac{1}{2} = \frac{4}{6} \div \frac{\square}{\square}$

$= 4 \div \square = \frac{4}{\square} = \square$

❼ $\frac{6}{7} \div \frac{5}{14} = \frac{\square}{\square} \div \frac{5}{14}$

$= \square \div 5 = \frac{\square}{5} = \square$

❽ $\frac{8}{9} \div \frac{6}{18} = \frac{\square}{\square} \div \frac{6}{18}$

$= \square \div 6 = \frac{\square}{6} = \square$

정답 92쪽

공부한 날짜	맞힌 개수	걸린 시간
월 일	/29	분

계산을 하세요.

9. $\frac{1}{2} \div \frac{2}{10}$

10. $\frac{3}{8} \div \frac{1}{4}$

11. $\frac{7}{11} \div \frac{10}{22}$

12. $\frac{7}{12} \div \frac{1}{6}$

13. $\frac{4}{5} \div \frac{3}{10}$

14. $\frac{2}{3} \div \frac{4}{9}$

15. $\frac{9}{22} \div \frac{3}{11}$

16. $\frac{4}{9} \div \frac{1}{3}$

17. $\frac{7}{12} \div \frac{1}{3}$

18. $\frac{20}{22} \div \frac{3}{11}$

19. $\frac{4}{5} \div \frac{7}{10}$

20. $\frac{1}{2} \div \frac{4}{10}$

21. $\frac{7}{12} \div \frac{10}{24}$

22. $\frac{3}{11} \div \frac{4}{22}$

23. $\frac{11}{12} \div \frac{5}{6}$

24. $\frac{6}{14} \div \frac{2}{7}$

25. $\frac{10}{12} \div \frac{1}{4}$

26. $\frac{8}{9} \div \frac{5}{18}$

27. $\frac{3}{5} \div \frac{5}{10}$

28. $\frac{7}{8} \div \frac{1}{4}$

29. $\frac{2}{3} \div \frac{6}{12}$

05 (자연수)÷(진분수)

- $6 \div \frac{3}{5}$의 계산

$$6 \div \frac{3}{5} = \frac{30}{5} \div \frac{3}{5} = 30 \div 3 = 10$$

원리 비법 자연수를 진분수와 **분모가 같은** 분수로 만들어 줘!

□ 안에 알맞은 수를 써넣으세요.

❶ $4 \div \frac{4}{11} = \frac{\square}{\square} \div \frac{4}{11}$
$= \square \div 4 = \square$

❷ $4 \div \frac{4}{15} = \frac{\square}{\square} \div \frac{4}{15}$
$= \square \div 4 = \square$

❸ $6 \div \frac{6}{19} = \frac{\square}{\square} \div \frac{6}{19}$
$= \square \div 6 = \square$

❹ $7 \div \frac{7}{16} = \frac{\square}{\square} \div \frac{7}{16}$
$= \square \div 7 = \square$

❺ $3 \div \frac{9}{11} = \frac{\square}{\square} \div \frac{9}{11}$
$= \square \div 9 = \square$

❻ $3 \div \frac{3}{8} = \frac{\square}{\square} \div \frac{3}{8}$
$= \square \div 3 = \square$

❼ $5 \div \frac{5}{11} = \frac{\square}{\square} \div \frac{5}{11}$
$= \square \div 5 = \square$

❽ $4 \div \frac{12}{17} = \frac{\square}{\square} \div \frac{12}{17}$
$= \square \div 12 = \square$

❾ $2 \div \frac{8}{19} = \frac{\square}{\square} \div \frac{8}{19}$
$= \square \div 8 = \square$

❿ $5 \div \frac{10}{17} = \frac{\square}{\square} \div \frac{10}{17}$
$= \square \div 10 = \square$

정답 93쪽

공부한 날짜	맞힌 개수	걸린 시간
월 일	/31	분

계산을 하세요.

⑪ $2 \div \frac{6}{19}$

⑱ $4 \div \frac{8}{13}$

㉕ $3 \div \frac{12}{17}$

⑫ $5 \div \frac{5}{13}$

⑲ $2 \div \frac{2}{13}$

㉖ $2 \div \frac{4}{5}$

⑬ $3 \div \frac{12}{13}$

⑳ $6 \div \frac{6}{13}$

㉗ $2 \div \frac{10}{17}$

⑭ $6 \div \frac{12}{19}$

㉑ $3 \div \frac{6}{13}$

㉘ $5 \div \frac{5}{7}$

⑮ $5 \div \frac{5}{18}$

㉒ $7 \div \frac{7}{12}$

㉙ $3 \div \frac{15}{17}$

⑯ $8 \div \frac{8}{17}$

㉓ $2 \div \frac{6}{11}$

㉚ $4 \div \frac{4}{7}$

⑰ $2 \div \frac{12}{19}$

㉔ $4 \div \frac{4}{17}$

㉛ $3 \div \frac{3}{16}$

06 (자연수)÷(진분수) B

○ $6 \div \frac{3}{5}$의 계산

$$6 \div \frac{3}{5} = (6 \div 3) \times 5 = 2 \times 5 = 10$$

자연수를 분수의 **분자**로 나눈 후 분모를 곱해!

□ 안에 알맞은 수를 써넣으세요.

❶ $2 \div \frac{2}{17} = (2 \div \square) \times \square$
$= \square$

❷ $6 \div \frac{12}{13} = (6 \div \square) \times \square$
$= \square$

❸ $3 \div \frac{9}{14} = (3 \div \square) \times \square$
$= \square$

❹ $7 \div \frac{7}{18} = (7 \div \square) \times \square$
$= \square$

❺ $5 \div \frac{5}{12} = (5 \div \square) \times \square$
$= \square$

❻ $4 \div \frac{4}{5} = (4 \div \square) \times \square$
$= \square$

❼ $3 \div \frac{3}{5} = (3 \div \square) \times \square$
$= \square$

❽ $4 \div \frac{12}{19} = (4 \div \square) \times \square$
$= \square$

❾ $2 \div \frac{8}{11} = (2 \div \square) \times \square$
$= \square$

❿ $8 \div \frac{16}{19} = (8 \div \square) \times \square$
$= \square$

정답 93쪽

공부한 날짜	맞힌 개수	걸린 시간
월 일	/31	분

계산을 하세요.

⑪ $4 \div \frac{8}{15}$

⑫ $5 \div \frac{15}{19}$

⑬ $3 \div \frac{6}{11}$

⑭ $4 \div \frac{8}{11}$

⑮ $2 \div \frac{2}{19}$

⑯ $2 \div \frac{16}{19}$

⑰ $2 \div \frac{8}{9}$

⑱ $7 \div \frac{7}{11}$

⑲ $2 \div \frac{4}{9}$

⑳ $8 \div \frac{16}{17}$

㉑ $2 \div \frac{2}{3}$

㉒ $3 \div \frac{9}{10}$

㉓ $2 \div \frac{6}{11}$

㉔ $6 \div \frac{18}{19}$

㉕ $2 \div \frac{8}{17}$

㉖ $2 \div \frac{12}{13}$

㉗ $3 \div \frac{15}{16}$

㉘ $7 \div \frac{7}{19}$

㉙ $3 \div \frac{3}{10}$

㉚ $3 \div \frac{3}{10}$

㉛ $2 \div \frac{6}{13}$

07 (자연수)÷(가분수)

○ $6 \div \frac{3}{2}$의 계산

$$6 \div \frac{3}{2} = \frac{12}{2} \div \frac{3}{2} = 12 \div 3 = 4$$

원리 비법 자연수를 **분수**로 고친 후 나눠 줘!

□ 안에 알맞은 수를 써넣으세요.

❶ $3 \div \frac{15}{10} = \frac{\square}{\square} \div \frac{15}{10} = \square \div 15 = \square$

❷ $7 \div \frac{7}{3} = \frac{\square}{\square} \div \frac{7}{3} = \square \div 7 = \square$

❸ $2 \div \frac{8}{5} = \frac{\square}{\square} \div \frac{8}{5} = \square \div 8 = \square$

❹ $5 \div \frac{10}{7} = \frac{\square}{\square} \div \frac{10}{7} = \square \div 10 = \square$

❺ $7 \div \frac{7}{5} = \frac{\square}{\square} \div \frac{7}{5} = \square \div 7 = \square$

❻ $5 \div \frac{10}{3} = \frac{\square}{\square} \div \frac{10}{3} = \square \div 10 = \square$

❼ $4 \div \frac{12}{7} = \frac{\square}{\square} \div \frac{12}{7} = \square \div 12 = \square$

❽ $6 \div \frac{12}{7} = \frac{\square}{\square} \div \frac{12}{7} = \square \div 12 = \square$

❾ $8 \div \frac{16}{11} = \frac{\square}{\square} \div \frac{16}{11} = \square \div 16 = \square$

❿ $3 \div \frac{12}{7} = \frac{\square}{\square} \div \frac{12}{7} = \square \div 12 = \square$

정답 93쪽

공부한 날짜	맞힌 개수	걸린 시간
월 일	/31	분

계산을 하세요.

⑪ $6 \div \frac{18}{13}$

⑫ $7 \div \frac{14}{3}$

⑬ $3 \div \frac{18}{5}$

⑭ $4 \div \frac{16}{11}$

⑮ $8 \div \frac{16}{3}$

⑯ $6 \div \frac{18}{7}$

⑰ $2 \div \frac{10}{3}$

⑱ $3 \div \frac{9}{4}$

⑲ $2 \div \frac{10}{9}$

⑳ $4 \div \frac{16}{5}$

㉑ $5 \div \frac{15}{13}$

㉒ $3 \div \frac{15}{4}$

㉓ $3 \div \frac{15}{13}$

㉔ $6 \div \frac{18}{17}$

㉕ $7 \div \frac{14}{11}$

㉖ $5 \div \frac{15}{8}$

㉗ $4 \div \frac{8}{3}$

㉘ $8 \div \frac{8}{3}$

㉙ $8 \div \frac{16}{15}$

㉚ $3 \div \frac{18}{13}$

㉛ $5 \div \frac{15}{2}$

08 (자연수)÷(가분수)

○ $6 \div \frac{3}{2}$의 계산

$$6 \div \frac{3}{2} = (6 \div 3) \times 2 = \frac{6}{3} \times 2 = 4$$

자연수를 분수의 **분자**로 나눈 후 분모를 곱해!

□ 안에 알맞은 수를 써넣으세요.

❶ $4 \div \frac{16}{3} = (4 \div \square) \times \square = \square$

❷ $7 \div \frac{7}{6} = (7 \div \square) \times \square = \square$

❸ $2 \div \frac{8}{3} = (2 \div \square) \times \square = \square$

❹ $5 \div \frac{5}{4} = (5 \div \square) \times \square = \square$

❺ $3 \div \frac{9}{7} = (3 \div \square) \times \square = \square$

❻ $3 \div \frac{15}{7} = (3 \div \square) \times \square = \square$

❼ $5 \div \frac{15}{7} = (5 \div \square) \times \square = \square$

❽ $6 \div \frac{18}{5} = (6 \div \square) \times \square = \square$

❾ $3 \div \frac{15}{14} = (3 \div \square) \times \square = \square$

❿ $8 \div \frac{16}{9} = (8 \div \square) \times \square = \square$

정답 93쪽

공부한 날짜	맞힌 개수	걸린 시간
월 일	/31	분

계산을 하세요.

⑪ $3 \div \frac{15}{11}$

⑱ $7 \div \frac{7}{4}$

㉕ $2 \div \frac{6}{5}$

⑫ $5 \div \frac{5}{3}$

⑲ $4 \div \frac{10}{9}$

㉖ $8 \div \frac{16}{5}$

⑬ $4 \div \frac{16}{9}$

⑳ $3 \div \frac{15}{2}$

㉗ $6 \div \frac{12}{5}$

⑭ $2 \div \frac{10}{5}$

㉑ $6 \div \frac{18}{11}$

㉘ $5 \div \frac{10}{5}$

⑮ $4 \div \frac{4}{3}$

㉒ $8 \div \frac{8}{5}$

㉙ $3 \div \frac{9}{2}$

⑯ $3 \div \frac{3}{2}$

㉓ $3 \div \frac{18}{17}$

㉚ $5 \div \frac{15}{14}$

⑰ $4 \div \frac{16}{15}$

㉔ $3 \div \frac{12}{5}$

31 $7 \div \frac{14}{9}$

09 (진분수)÷(대분수)

○ $\frac{3}{7} \div 1\frac{1}{2}$의 계산

$$\frac{3}{7} \div 1\frac{1}{2} = \frac{3}{7} \div \frac{3}{2} = \frac{6}{14} \div \frac{21}{14} = 6 \div 21 = \frac{\overset{2}{\cancel{6}}}{\underset{7}{\cancel{21}}} = \frac{2}{7}$$

원리 비법 대분수를 가분수로 바꾼 후 **통분하여** 계산을 해!

□ 안에 알맞은 수를 써넣으세요.

❶ $\frac{1}{2} \div 1\frac{3}{5} = \frac{1}{2} \div \frac{\square}{5}$
$= \frac{\square}{10} \div \frac{\square}{10} = \square \div \square = \frac{\square}{\square}$

❷ $\frac{1}{3} \div 1\frac{1}{6} = \frac{1}{3} \div \frac{\square}{6}$
$= \frac{\square}{6} \div \frac{\square}{6} = \square \div \square = \frac{\square}{\square}$

❸ $\frac{5}{6} \div 1\frac{4}{7} = \frac{5}{6} \div \frac{\square}{7}$
$= \frac{\square}{42} \div \frac{\square}{42} = \square \div \square = \frac{\square}{\square}$

❹ $\frac{1}{4} \div 2\frac{3}{5} = \frac{1}{4} \div \frac{\square}{5}$
$= \frac{\square}{20} \div \frac{\square}{20} = \square \div \square = \frac{\square}{\square}$

❺ $\frac{3}{5} \div 1\frac{3}{4} = \frac{3}{5} \div \frac{\square}{4}$
$= \frac{\square}{20} \div \frac{\square}{20} = \square \div \square = \frac{\square}{\square}$

❻ $\frac{3}{7} \div 1\frac{1}{3} = \frac{3}{7} \div \frac{\square}{3}$
$= \frac{\square}{21} \div \frac{\square}{21} = \square \div \square = \frac{\square}{\square}$

❼ $\frac{1}{8} \div 1\frac{3}{7} = \frac{1}{8} \div \frac{\square}{7}$
$= \frac{\square}{56} \div \frac{\square}{56} = \square \div \square = \frac{\square}{\square}$

❽ $\frac{1}{2} \div 1\frac{5}{6} = \frac{1}{2} \div \frac{\square}{6}$
$= \frac{\square}{6} \div \frac{\square}{6} = \square \div \square = \frac{\square}{\square}$

정답 94쪽

공부한 날짜	맞힌 개수	걸린 시간
월 일	/29	분

계산을 하세요.

9 $\frac{1}{3} \div 2\frac{3}{4}$

10 $\frac{1}{2} \div 2\frac{1}{4}$

11 $\frac{2}{7} \div 1\frac{1}{4}$

12 $\frac{1}{2} \div 1\frac{1}{8}$

13 $\frac{3}{4} \div 1\frac{2}{5}$

14 $\frac{5}{7} \div 2\frac{4}{5}$

15 $\frac{1}{3} \div 1\frac{1}{8}$

16 $\frac{2}{3} \div 1\frac{3}{8}$

17 $\frac{1}{5} \div 1\frac{1}{3}$

18 $\frac{2}{3} \div 1\frac{1}{6}$

19 $\frac{4}{5} \div 1\frac{3}{4}$

20 $\frac{5}{6} \div 1\frac{4}{9}$

21 $\frac{1}{2} \div 1\frac{4}{9}$

22 $\frac{5}{8} \div 1\frac{2}{5}$

23 $\frac{1}{2} \div 1\frac{3}{7}$

24 $\frac{1}{6} \div 1\frac{1}{4}$

25 $\frac{1}{3} \div 2\frac{2}{9}$

26 $\frac{1}{3} \div 2\frac{5}{8}$

27 $\frac{2}{5} \div 1\frac{6}{7}$

28 $\frac{4}{7} \div 1\frac{1}{4}$

29 $\frac{1}{4} \div 1\frac{3}{8}$

10 (진분수)÷(대분수)

○ $\frac{3}{7} \div 1\frac{1}{2}$의 계산

$$\frac{3}{7} \div 1\frac{1}{2} = \frac{3}{7} \div \frac{3}{2} = \frac{\overset{1}{\cancel{3}}}{7} \times \frac{2}{\underset{1}{\cancel{3}}} = \frac{2}{7}$$

원리 비법 나눗셈을 **곱셈으로** 바꿔서 계산해!

□ 안에 알맞은 수를 써넣으세요.

❶ $\frac{7}{9} \div 1\frac{2}{7} = \frac{7}{9} \div \frac{\square}{7} = \frac{7}{9} \times \frac{\square}{\square} = \frac{\square}{\square}$

❷ $\frac{4}{7} \div 1\frac{3}{8} = \frac{4}{7} \div \frac{\square}{8} = \frac{4}{7} \times \frac{\square}{\square} = \frac{\square}{\square}$

❸ $\frac{1}{6} \div 1\frac{5}{9} = \frac{1}{6} \div \frac{\square}{9} = \frac{1}{6} \times \frac{\square}{\square} = \frac{\square}{\square}$

❹ $\frac{1}{4} \div 2\frac{5}{6} = \frac{1}{4} \div \frac{\square}{6} = \frac{1}{4} \times \frac{\square}{\square} = \frac{\square}{\square}$

❺ $\frac{3}{8} \div 1\frac{3}{5} = \frac{3}{8} \div \frac{\square}{5} = \frac{3}{8} \times \frac{\square}{\square} = \frac{\square}{\square}$

❻ $\frac{1}{7} \div 2\frac{1}{5} = \frac{1}{7} \div \frac{\square}{5} = \frac{1}{7} \times \frac{\square}{\square} = \frac{\square}{\square}$

❼ $\frac{1}{3} \div 1\frac{2}{5} = \frac{1}{3} \div \frac{\square}{5} = \frac{1}{3} \times \frac{\square}{\square} = \frac{\square}{\square}$

❽ $\frac{5}{8} \div 1\frac{5}{6} = \frac{5}{8} \div \frac{\square}{6} = \frac{5}{8} \times \frac{\square}{\square} = \frac{\square}{\square}$

정답 94쪽

공부한 날짜	맞힌 개수	걸린 시간
월 일	/29	분

계산을 하세요.

⑨ $\frac{7}{8} \div 1\frac{1}{6}$

⑩ $\frac{1}{9} \div 1\frac{2}{3}$

⑪ $\frac{1}{2} \div 1\frac{5}{8}$

⑫ $\frac{2}{3} \div 2\frac{3}{5}$

⑬ $\frac{1}{5} \div 2\frac{5}{7}$

⑭ $\frac{3}{8} \div 2\frac{1}{4}$

⑮ $\frac{2}{9} \div 2\frac{2}{3}$

⑯ $\frac{4}{9} \div 2\frac{2}{3}$

⑰ $\frac{3}{5} \div 2\frac{1}{10}$

⑱ $\frac{5}{7} \div 2\frac{2}{3}$

⑲ $\frac{2}{5} \div 2\frac{1}{6}$

⑳ $\frac{5}{9} \div 1\frac{2}{7}$

㉑ $\frac{3}{4} \div 1\frac{1}{8}$

㉒ $\frac{8}{9} \div 1\frac{1}{3}$

㉓ $\frac{1}{8} \div 1\frac{3}{5}$

㉔ $\frac{3}{4} \div 2\frac{2}{3}$

㉕ $\frac{4}{5} \div 2\frac{2}{7}$

㉖ $\frac{5}{8} \div 1\frac{1}{10}$

㉗ $\frac{1}{9} \div 1\frac{3}{4}$

㉘ $\frac{5}{6} \div 1\frac{1}{3}$

㉙ $\frac{6}{7} \div 1\frac{1}{4}$

11 (대분수)÷(진분수)

○ $1\frac{1}{2} \div \frac{3}{7}$의 계산

$$1\frac{1}{2} \div \frac{3}{7} = \frac{3}{2} \div \frac{3}{7} = \frac{21}{14} \div \frac{6}{14} = 21 \div 6 = \frac{\overset{7}{\cancel{21}}}{\underset{2}{\cancel{6}}} = \frac{7}{2} = 3\frac{1}{2}$$

대분수를 가분수로 바꾼 후 **통분하여** 계산을 해!

◆ $\square$ 안에 알맞은 수를 써넣으세요.

❶ $1\frac{1}{8} \div \frac{3}{5} = \frac{\square}{8} \div \frac{3}{5}$

$= \frac{\square}{40} \div \frac{\square}{40} = \square \div \square$

$= \frac{\square}{\square} = \square$

❷ $1\frac{4}{5} \div \frac{1}{2} = \frac{\square}{5} \div \frac{1}{2}$

$= \frac{\square}{10} \div \frac{\square}{10} = \square \div \square$

$= \frac{\square}{\square} = \square$

❸ $1\frac{5}{6} \div \frac{2}{9} = \frac{\square}{6} \div \frac{2}{9}$

$= \frac{\square}{18} \div \frac{\square}{18} = \square \div \square$

$= \frac{\square}{\square} = \square$

❹ $2\frac{1}{8} \div \frac{3}{4} = \frac{\square}{8} \div \frac{3}{4}$

$= \frac{\square}{8} \div \frac{\square}{8} = \square \div \square$

$= \frac{\square}{\square} = \square$

❺ $1\frac{5}{6} \div \frac{3}{7} = \frac{\square}{6} \div \frac{3}{7}$

$= \frac{\square}{42} \div \frac{\square}{42} = \square \div \square$

$= \frac{\square}{\square} = \square$

❻ $1\frac{1}{4} \div \frac{3}{8} = \frac{\square}{4} \div \frac{3}{8}$

$= \frac{\square}{8} \div \frac{\square}{8} = \square \div \square$

$= \frac{\square}{\square} = \square$

정답 94쪽

공부한 날짜	맞힌 개수	걸린 시간
월 일	/27	분

계산을 하세요.

⑦ $1\frac{1}{7} \div \frac{2}{5}$

⑧ $1\frac{5}{6} \div \frac{2}{7}$

⑨ $2\frac{4}{9} \div \frac{2}{3}$

⑩ $1\frac{1}{6} \div \frac{5}{8}$

⑪ $1\frac{2}{9} \div \frac{3}{5}$

⑫ $1\frac{1}{6} \div \frac{5}{9}$

⑬ $1\frac{7}{8} \div \frac{3}{4}$

⑭ $1\frac{1}{8} \div \frac{2}{3}$

⑮ $2\frac{7}{8} \div \frac{3}{4}$

⑯ $1\frac{2}{7} \div \frac{5}{14}$

⑰ $2\frac{4}{7} \div \frac{9}{14}$

⑱ $1\frac{3}{7} \div \frac{2}{5}$

⑲ $1\frac{1}{8} \div \frac{1}{5}$

⑳ $1\frac{1}{6} \div \frac{7}{8}$

㉑ $1\frac{1}{7} \div \frac{4}{5}$

㉒ $2\frac{2}{5} \div \frac{6}{7}$

㉓ $1\frac{1}{8} \div \frac{1}{4}$

㉔ $1\frac{5}{9} \div \frac{2}{7}$

㉕ $1\frac{4}{5} \div \frac{1}{3}$

㉖ $1\frac{3}{5} \div \frac{7}{10}$

㉗ $2\frac{2}{5} \div \frac{2}{7}$

12 (대분수)÷(진분수) B

○ $1\frac{1}{2} \div \frac{3}{7}$의 계산

$$1\frac{1}{2} \div \frac{3}{7} = \frac{3}{2} \div \frac{3}{7} = \frac{\overset{1}{\cancel{3}}}{2} \times \frac{7}{\underset{1}{\cancel{3}}} = \frac{7}{2} = 3\frac{1}{2}$$

원리 비법 대분수를 가분수로 바꾼 후 **곱셈으로** 계산해!

□ 안에 알맞은 수를 써넣으세요.

❶ $1\frac{1}{4} \div \frac{5}{6} = \frac{\square}{4} \div \frac{5}{6} = \frac{\square}{\square} \times \frac{\square}{\square} = \frac{\square}{\square} = \square$

❷ $1\frac{1}{2} \div \frac{5}{7} = \frac{\square}{2} \div \frac{5}{7} = \frac{\square}{\square} \times \frac{\square}{\square} = \frac{\square}{\square} = \square$

❸ $1\frac{3}{4} \div \frac{3}{4} = \frac{\square}{4} \div \frac{3}{4} = \frac{\square}{\square} \times \frac{\square}{\square} = \frac{\square}{\square} = \square$

❹ $2\frac{4}{5} \div \frac{6}{7} = \frac{\square}{5} \div \frac{6}{7} = \frac{\square}{\square} \times \frac{\square}{\square} = \frac{\square}{\square} = \square$

❺ $1\frac{7}{8} \div \frac{3}{7} = \frac{\square}{8} \div \frac{3}{7} = \frac{\square}{\square} \times \frac{\square}{\square} = \frac{\square}{\square} = \square$

❻ $1\frac{5}{6} \div \frac{3}{5} = \frac{\square}{6} \div \frac{3}{5} = \frac{\square}{\square} \times \frac{\square}{\square} = \frac{\square}{\square} = \square$

❼ $1\frac{3}{4} \div \frac{1}{2} = \frac{\square}{4} \div \frac{1}{2} = \frac{\square}{\square} \times \frac{\square}{\square} = \frac{\square}{\square} = \square$

❽ $1\frac{1}{6} \div \frac{2}{9} = \frac{\square}{6} \div \frac{2}{9} = \frac{\square}{\square} \times \frac{\square}{\square} = \frac{\square}{\square} = \square$

정답 94쪽

공부한 날짜	맞힌 개수	걸린 시간
월 일	/29	분

계산을 하세요.

9 $1\frac{8}{9} \div \frac{1}{3}$

10 $1\frac{1}{4} \div \frac{1}{7}$

11 $1\frac{1}{6} \div \frac{3}{4}$

12 $1\frac{1}{6} \div \frac{1}{8}$

13 $2\frac{4}{7} \div \frac{9}{10}$

14 $1\frac{7}{8} \div \frac{1}{6}$

15 $2\frac{6}{7} \div \frac{5}{6}$

16 $1\frac{3}{5} \div \frac{8}{9}$

17 $2\frac{2}{3} \div \frac{4}{7}$

18 $2\frac{3}{7} \div \frac{2}{7}$

19 $1\frac{3}{4} \div \frac{7}{10}$

20 $1\frac{3}{4} \div \frac{3}{8}$

21 $2\frac{4}{5} \div \frac{4}{9}$

22 $1\frac{2}{5} \div \frac{2}{15}$

23 $1\frac{3}{7} \div \frac{1}{5}$

24 $1\frac{4}{7} \div \frac{1}{3}$

25 $1\frac{1}{6} \div \frac{1}{3}$

26 $2\frac{2}{5} \div \frac{3}{8}$

27 $2\frac{2}{7} \div \frac{2}{3}$

28 $2\frac{2}{3} \div \frac{1}{9}$

29 $2\frac{2}{9} \div \frac{4}{5}$

13 (대분수)÷(대분수)

○ $1\frac{2}{3} \div 1\frac{1}{4}$의 계산

$$1\frac{2}{3} \div 1\frac{1}{4} = \frac{5}{3} \div \frac{5}{4} = \frac{20}{12} \div \frac{15}{12} = 20 \div 15 = \frac{\overset{4}{\cancel{20}}}{\underset{3}{\cancel{15}}} = \frac{4}{3} = 1\frac{1}{3}$$

원리 비법 대분수를 가분수로 바꾼 후 **통분하여** 계산을 해!

◆ □ 안에 알맞은 수를 써넣으세요.

❶ $1\frac{7}{8} \div 1\frac{3}{4} = \frac{\square}{8} \div \frac{\square}{4}$

$= \frac{\square}{8} \div \frac{\square}{8} = \frac{\square}{\square} = \square$

❷ $1\frac{5}{6} \div 1\frac{1}{7} = \frac{\square}{6} \div \frac{\square}{7}$

$= \frac{\square}{42} \div \frac{\square}{42} = \frac{\square}{\square} = \square$

❸ $2\frac{1}{2} \div 1\frac{1}{5} = \frac{\square}{2} \div \frac{\square}{5}$

$= \frac{\square}{10} \div \frac{\square}{10} = \frac{\square}{\square} = \square$

❹ $1\frac{1}{8} \div 1\frac{1}{5} = \frac{\square}{8} \div \frac{\square}{5}$

$= \frac{\square}{40} \div \frac{\square}{40} = \frac{\square}{\square}$

❺ $1\frac{1}{5} \div 2\frac{4}{7} = \frac{\square}{5} \div \frac{\square}{7}$

$= \frac{\square}{35} \div \frac{\square}{35} = \frac{\square}{\square}$

❻ $1\frac{7}{8} \div 2\frac{1}{2} = \frac{\square}{8} \div \frac{\square}{2}$

$= \frac{\square}{8} \div \frac{\square}{8} = \frac{\square}{\square}$

❼ $2\frac{1}{2} \div 2\frac{3}{8} = \frac{\square}{2} \div \frac{\square}{8}$

$= \frac{\square}{8} \div \frac{\square}{8} = \frac{\square}{\square} = \square$

❽ $1\frac{1}{7} \div 1\frac{1}{8} = \frac{\square}{7} \div \frac{\square}{8}$

$= \frac{\square}{56} \div \frac{\square}{56} = \frac{\square}{\square} = \square$

정답 95쪽

공부한 날짜	맞힌 개수	걸린 시간
월 일	/29	분

계산을 하세요.

⑨ $1\frac{1}{4} \div 1\frac{1}{7}$

⑩ $2\frac{7}{9} \div 1\frac{3}{7}$

⑪ $2\frac{5}{7} \div 1\frac{3}{14}$

⑫ $1\frac{5}{7} \div 1\frac{7}{8}$

⑬ $1\frac{1}{3} \div 1\frac{1}{7}$

⑭ $1\frac{1}{5} \div 1\frac{7}{9}$

⑮ $1\frac{3}{5} \div 1\frac{7}{10}$

⑯ $1\frac{7}{9} \div 1\frac{1}{7}$

⑰ $1\frac{5}{8} \div 1\frac{5}{6}$

⑱ $2\frac{1}{2} \div 1\frac{7}{8}$

⑲ $1\frac{1}{6} \div 1\frac{5}{9}$

⑳ $1\frac{1}{8} \div 2\frac{4}{7}$

㉑ $1\frac{1}{7} \div 1\frac{4}{5}$

㉒ $2\frac{4}{7} \div 1\frac{1}{2}$

㉓ $1\frac{3}{7} \div 2\frac{2}{3}$

㉔ $1\frac{5}{6} \div 1\frac{4}{7}$

㉕ $1\frac{4}{5} \div 2\frac{4}{7}$

㉖ $1\frac{3}{4} \div 1\frac{5}{8}$

㉗ $2\frac{4}{9} \div 2\frac{1}{3}$

㉘ $1\frac{5}{9} \div 1\frac{1}{9}$

㉙ $1\frac{2}{3} \div 2\frac{4}{9}$

14 (대분수)÷(대분수) B

○ $1\frac{2}{3} \div 1\frac{1}{4}$의 계산

$$1\frac{2}{3} \div 1\frac{1}{4} = \frac{5}{3} \div \frac{5}{4} = \frac{\overset{1}{\cancel{5}}}{3} \times \frac{4}{\underset{1}{\cancel{5}}} = \frac{4}{3} = 1\frac{1}{3}$$

원리 비법 대분수를 가분수로 바꾼 후 **곱셈으로** 바꿔 줘!

□ 안에 알맞은 수를 써넣으세요.

① $1\frac{5}{9} \div 1\frac{3}{4} = \frac{\square}{9} \div \frac{\square}{4} = \frac{\square}{\square} \times \frac{\square}{\square} = \frac{\square}{\square}$

② $1\frac{4}{7} \div 2\frac{4}{9} = \frac{\square}{7} \div \frac{\square}{9} = \frac{\square}{\square} \times \frac{\square}{\square} = \frac{\square}{\square}$

③ $1\frac{4}{5} \div 1\frac{2}{7} = \frac{\square}{5} \div \frac{\square}{7} = \frac{\square}{\square} \times \frac{\square}{\square} = \frac{\square}{\square} = \square$

④ $2\frac{3}{4} \div 1\frac{5}{6} = \frac{\square}{4} \div \frac{\square}{6} = \frac{\square}{\square} \times \frac{\square}{\square} = \frac{\square}{\square} = \square$

⑤ $1\frac{1}{2} \div 1\frac{1}{6} = \frac{\square}{2} \div \frac{\square}{6} = \frac{\square}{\square} \times \frac{\square}{\square} = \frac{\square}{\square} = \square$

⑥ $2\frac{2}{9} \div 1\frac{3}{5} = \frac{\square}{9} \div \frac{\square}{5} = \frac{\square}{\square} \times \frac{\square}{\square} = \frac{\square}{\square} = \square$

⑦ $1\frac{1}{7} \div 1\frac{1}{9} = \frac{\square}{7} \div \frac{\square}{9} = \frac{\square}{\square} \times \frac{\square}{\square} = \frac{\square}{\square} = \square$

⑧ $2\frac{1}{4} \div 1\frac{2}{7} = \frac{\square}{4} \div \frac{\square}{7} = \frac{\square}{\square} \times \frac{\square}{\square} = \frac{\square}{\square} = \square$

정답 95쪽

공부한 날짜	맞힌 개수	걸린 시간
월 일	/29	분

계산을 하세요.

9 $1\frac{1}{6} \div 1\frac{2}{3}$

10 $2\frac{3}{8} \div 1\frac{1}{6}$

11 $1\frac{3}{4} \div 1\frac{5}{9}$

12 $1\frac{3}{8} \div 1\frac{1}{5}$

13 $1\frac{7}{8} \div 1\frac{1}{8}$

14 $1\frac{7}{9} \div 2\frac{4}{5}$

15 $2\frac{2}{3} \div 1\frac{5}{6}$

16 $1\frac{1}{9} \div 1\frac{1}{5}$

17 $1\frac{5}{6} \div 1\frac{1}{4}$

18 $1\frac{1}{2} \div 1\frac{1}{4}$

19 $1\frac{1}{3} \div 2\frac{2}{5}$

20 $1\frac{5}{7} \div 1\frac{4}{5}$

21 $1\frac{1}{9} \div 2\frac{1}{3}$

22 $1\frac{3}{7} \div 1\frac{1}{2}$

23 $1\frac{1}{4} \div 1\frac{5}{8}$

24 $1\frac{3}{5} \div 1\frac{3}{10}$

25 $1\frac{1}{9} \div 1\frac{1}{2}$

26 $2\frac{8}{9} \div 1\frac{3}{7}$

27 $1\frac{5}{8} \div 2\frac{1}{2}$

28 $2\frac{4}{5} \div 1\frac{5}{9}$

29 $1\frac{1}{2} \div 1\frac{4}{5}$

01 (소수 한 자리 수)÷(소수 한 자리 수)

○ 61.2÷0.3의 계산

$$61.2 \div 0.3 = 204$$

↓10배 ↓10배

$$612 \div 3 = 204$$

➡ 나누어지는 수와 나누는 수에 각각 10배를 하면 몫은 처음과 같아집니다.

자연수의 나눗셈을 이용해!

◆ □ 안에 알맞은 수를 써넣으세요.

❶ $77.2 \div 0.2 = 386$
↓10배 ↓10배
□ ÷ □ = □

❷ $99.3 \div 0.3 = 331$
↓10배 ↓10배
□ ÷ □ = □

❸ $88.8 \div 0.4 = 222$
↓10배 ↓10배
□ ÷ □ = □

❹ $49.2 \div 0.2 = 246$
↓10배 ↓10배
□ ÷ □ = □

❺ $69.8 \div 0.2 = 349$
↓10배 ↓10배
□ ÷ □ = □

❻ $40.6 \div 0.2 = 203$
↓10배 ↓10배
□ ÷ □ = □

❼ $96.2 \div 0.2 = 481$
↓10배 ↓10배
□ ÷ □ = □

❽ $85.8 \div 0.2 = 429$
↓10배 ↓10배
□ ÷ □ = □

정답 96쪽

공부한 날짜	맞힌 개수	걸린 시간
월 일	/29	분

나눗셈을 하세요.

❾ $61.4 \div 0.2$

⓰ $80.8 \div 0.2$

㉓ $71.1 \div 0.3$

❿ $67.6 \div 0.2$

⓱ $79.2 \div 0.3$

㉔ $82.6 \div 0.2$

⓫ $75.6 \div 0.2$

⓲ $92.6 \div 0.2$

㉕ $89.1 \div 0.3$

⓬ $42.6 \div 0.2$

⓳ $93.4 \div 0.2$

㉖ $95.7 \div 0.3$

⓭ $91.4 \div 0.2$

⓴ $86.4 \div 0.3$

㉗ $71.8 \div 0.2$

⓮ $88.4 \div 0.2$

㉑ $97.2 \div 0.3$

㉘ $81.6 \div 0.2$

⓯ $83.7 \div 0.3$

㉒ $72.8 \div 0.2$

㉙ $68.1 \div 0.3$

02 (소수 한 자리 수)÷(소수 한 자리 수) B

○ 61.2÷0.3의 계산

$$61.2 \div 0.3 = \frac{612}{10} \div \frac{3}{10} = 612 \div 3 = 204$$

➡ 61.2와 0.3을 분수로 고친 후 분수의 나눗셈으로 계산합니다.

원리 비법 ●■.▲ ÷ □.△를 ●■▲ ÷ □△로 계산하면 쉬워!

◈ □ 안에 알맞은 수를 써넣으세요.

❶ $61.8 \div 0.2 = \frac{\square}{10} \div \frac{\square}{10}$
$= \square \div \square = \square$

❷ $83.1 \div 0.3 = \frac{\square}{10} \div \frac{\square}{10}$
$= \square \div \square = \square$

❸ $73.6 \div 0.2 = \frac{\square}{10} \div \frac{\square}{10}$
$= \square \div \square = \square$

❹ $93.2 \div 0.2 = \frac{\square}{10} \div \frac{\square}{10}$
$= \square \div \square = \square$

❺ $67.2 \div 0.3 = \frac{\square}{10} \div \frac{\square}{10}$
$= \square \div \square = \square$

❻ $43.8 \div 0.2 = \frac{\square}{10} \div \frac{\square}{10}$
$= \square \div \square = \square$

❼ $89.6 \div 0.2 = \frac{\square}{10} \div \frac{\square}{10}$
$= \square \div \square = \square$

❽ $69.4 \div 0.2 = \frac{\square}{10} \div \frac{\square}{10}$
$= \square \div \square = \square$

❾ $48.6 \div 0.2 = \frac{\square}{10} \div \frac{\square}{10}$
$= \square \div \square = \square$

❿ $84.6 \div 0.2 = \frac{\square}{10} \div \frac{\square}{10}$
$= \square \div \square = \square$

정답 96쪽

공부한 날짜	맞힌 개수	걸린 시간
월 일	/31	분

나눗셈을 하세요.

⑪ $96.6 \div 0.3$

⑫ $47.2 \div 0.2$

⑬ $98.8 \div 0.2$

⑭ $96.8 \div 0.4$

⑮ $99.9 \div 0.3$

⑯ $76.5 \div 0.3$

⑰ $81.4 \div 0.2$

⑱ $45.2 \div 0.2$

⑲ $60.3 \div 0.3$

⑳ $70.4 \div 0.2$

㉑ $46.6 \div 0.2$

㉒ $85.8 \div 0.3$

㉓ $76.8 \div 0.2$

㉔ $80.8 \div 0.4$

㉕ $85.4 \div 0.2$

㉖ $67.4 \div 0.2$

㉗ $43.2 \div 0.2$

㉘ $51.6 \div 0.2$

㉙ $95.8 \div 0.2$

㉚ $88.5 \div 0.3$

㉛ $91.2 \div 0.3$

03 (소수 한 자리 수)÷(소수 한 자리 수)

○ **61.2÷0.3의 계산**

$0.3\overline{)61.2}$ ➡ $3\overline{)612}$ → 몫 204

```
    2 0 4
3 ) 6 1 2
    6
    -----
      1 2
      1 2
    -----
        0
```

➡ 61.2 ÷ 0.3의 계산에서 소수점을 오른쪽으로 한 칸씩 이동하여 612÷3으로 계산합니다.

원리 비법 나누는 수와 나누어지는 수의 소수점을 **똑같이 옮겨**!

◆ □ 안에 알맞은 수를 써넣으세요.

1. $0.2\overline{)60.6}$ ➡ $0.2\overline{)60.6}$ □□□

2. $0.3\overline{)61.2}$ ➡ $0.3\overline{)61.2}$ □□□

3. $0.2\overline{)96.4}$ ➡ $0.2\overline{)96.4}$ □□□

4. $0.3\overline{)72.3}$ ➡ $0.3\overline{)72.3}$ □□□

5. $0.2\overline{)75.8}$ ➡ $0.2\overline{)75.8}$ □□□

6. $0.3\overline{)87.3}$ ➡ $0.3\overline{)87.3}$ □□□

7. $0.2\overline{)85.2}$ ➡ $0.2\overline{)85.2}$ □□□

8. $0.2\overline{)71.2}$ ➡ $0.2\overline{)71.2}$ □□□

9. $0.2\overline{)91.2}$ ➡ $0.2\overline{)91.2}$ □□□

10. $0.2\overline{)52.6}$ ➡ $0.2\overline{)52.6}$ □□□

정답 96쪽

공부한 날짜	맞힌 개수	걸린 시간
월 일	/28	분

나눗셈을 하세요.

⑪ $0.2\overline{)76.6}$

⑫ $0.2\overline{)92.4}$

⑬ $0.2\overline{)58.8}$

⑭ $0.2\overline{)73.8}$

⑮ $0.3\overline{)62.1}$

⑯ $0.2\overline{)80.2}$

⑰ $0.2\overline{)72.6}$

⑱ $0.2\overline{)79.8}$

⑲ $0.3\overline{)92.4}$

⑳ $0.2\overline{)67.2}$

㉑ $0.2\overline{)70.2}$

㉒ $0.3\overline{)77.1}$

㉓ $0.3\overline{)70.2}$

㉔ $0.2\overline{)59.2}$

㉕ $0.2\overline{)66.4}$

㉖ $0.2\overline{)86.4}$

㉗ $0.2\overline{)69.2}$

㉘ $0.2\overline{)79.6}$

04 (소수 두 자리 수)÷(소수 두 자리 수)

○ 3.12÷0.13의 계산

$$3.12 \div 0.13 = 24$$
100배↓ ↓100배
$$312 \div 13 = 24$$

➡ 나누어지는 수 3.12와 나누는 수 0.13에 모두 100을 곱해 312÷13으로 계산합니다.

원리 비법 **같은 수**를 곱해서 자연수의 계산으로 만들어 줘!

◈ □ 안에 알맞은 수를 써넣으세요.

❶ 8.64 ÷0.24=36
↓100배 ↓100배
□÷□=□

❷ 9.36 ÷0.39=24
↓100배 ↓100배
□÷□=□

❸ 5.28 ÷0.48=11
↓100배 ↓100배
□÷□=□

❹ 4.37 ÷0.19=23
↓100배 ↓100배
□÷□=□

❺ 2.72 ÷0.17=16
↓100배 ↓100배
□÷□=□

❻ 8.88 ÷0.12=74
↓100배 ↓100배
□÷□=□

❼ 8.16 ÷0.34=24
↓100배 ↓100배
□÷□=□

❽ 5.52 ÷0.46=12
↓100배 ↓100배
□÷□=□

정답 96쪽

공부한 날짜	맞힌 개수	걸린 시간
월 일	/29	분

나눗셈을 하세요.

9. $8.74 \div 0.38$

16. $8.97 \div 0.13$

23. $9.24 \div 0.28$

10. $3.12 \div 0.26$

17. $9.13 \div 0.11$

24. $7.36 \div 0.46$

11. $6.38 \div 0.29$

18. $8.75 \div 0.35$

25. $8.46 \div 0.18$

12. $8.16 \div 0.48$

19. $6.11 \div 0.47$

26. $7.38 \div 0.18$

13. $5.32 \div 0.14$

20. $5.92 \div 0.37$

27. $4.29 \div 0.39$

14. $6.86 \div 0.49$

21. $3.77 \div 0.13$

28. $7.54 \div 0.29$

15. $5.13 \div 0.27$

22. $9.44 \div 0.16$

29. $7.13 \div 0.23$

05 (소수 두 자리 수)÷(소수 두 자리 수) 

○ **3.12 ÷ 0.13의 계산**

$$3.12 \div 0.13 = \frac{312}{100} \div \frac{13}{100} = 312 \div 13 = 24$$

➡ 3.12와 0.13을 분수로 고친 후 분수의 나눗셈으로 계산을 합니다.

원리 비법 소수의 나눗셈을 **분수의 나눗셈**으로 고쳐 줘! 

◈ □ 안에 알맞은 수를 써넣으세요.

❶ $9.79 \div 0.11 = \frac{\square}{100} \div \frac{\square}{100} = \square \div \square = \square$

❷ $7.99 \div 0.47 = \frac{\square}{100} \div \frac{\square}{100} = \square \div \square = \square$

❸ $7.77 \div 0.37 = \frac{\square}{100} \div \frac{\square}{100} = \square \div \square = \square$

❹ $3.78 \div 0.27 = \frac{\square}{100} \div \frac{\square}{100} = \square \div \square = \square$

❺ $3.06 \div 0.17 = \frac{\square}{100} \div \frac{\square}{100} = \square \div \square = \square$

❻ $8.64 \div 0.36 = \frac{\square}{100} \div \frac{\square}{100} = \square \div \square = \square$

❼ $8.88 \div 0.24 = \frac{\square}{100} \div \frac{\square}{100} = \square \div \square = \square$

❽ $8.71 \div 0.13 = \frac{\square}{100} \div \frac{\square}{100} = \square \div \square = \square$

❾ $5.18 \div 0.37 = \frac{\square}{100} \div \frac{\square}{100} = \square \div \square = \square$

❿ $6.75 \div 0.27 = \frac{\square}{100} \div \frac{\square}{100} = \square \div \square = \square$

정답 97쪽

공부한 날짜	맞힌 개수	걸린 시간
월 일	/31	분

◆ 나눗셈을 하세요.

⑪ $7.35 \div 0.49$

⑱ $5.46 \div 0.14$

㉕ $3.63 \div 0.33$

⑫ $8.16 \div 0.24$

⑲ $6.84 \div 0.36$

㉖ $8.85 \div 0.15$

⑬ $9.24 \div 0.12$

⑳ $5.06 \div 0.46$

㉗ $7.98 \div 0.38$

⑭ $9.52 \div 0.28$

㉑ $4.18 \div 0.19$

㉘ $5.17 \div 0.47$

⑮ $8.82 \div 0.49$

㉒ $8.64 \div 0.18$

㉙ $5.39 \div 0.49$

⑯ $9.36 \div 0.12$

㉓ $4.68 \div 0.36$

㉚ $5.46 \div 0.39$

⑰ $8.05 \div 0.35$

㉔ $7.83 \div 0.29$

㉛ $9.02 \div 0.11$

06 (소수 두 자리 수)÷(소수 두 자리 수) C

3.12 ÷ 0.13의 계산

$0.13\overline{)3.12}$ → $13\overline{)312}$ = 24 (312 − 26 = 52, 52 − 52 = 0)

➡ 3.12 ÷ 0.13의 계산에서 소수점을 오른쪽으로 두 칸씩 이동하여 312 ÷ 13으로 계산합니다.

원리 비법 나누는 수와 나누어지는 수의 소수점을 **똑같이 옮겨**!

□ 안에 알맞은 수를 써넣으세요.

1. $0.26\overline{)2.86}$ → $0.26\overline{)2.86}$ 몫: □□

2. $0.11\overline{)9.46}$ → $0.11\overline{)9.46}$ 몫: □□

3. $0.36\overline{)3.96}$ → $0.36\overline{)3.96}$ 몫: □□

4. $0.28\overline{)8.96}$ → $0.28\overline{)8.96}$ 몫: □□

5. $0.17\overline{)3.57}$ → $0.17\overline{)3.57}$ 몫: □□

6. $0.38\overline{)4.56}$ → $0.38\overline{)4.56}$ 몫: □□

7. $0.47\overline{)5.64}$ → $0.47\overline{)5.64}$ 몫: □□

8. $0.18\overline{)7.56}$ → $0.18\overline{)7.56}$ 몫: □□

정답 97쪽

공부한 날짜	맞힌 개수	걸린 시간
월 일	/23	분

나눗셈을 하세요.

⑨ $0.12\overline{)8.76}$

⑩ $0.19\overline{)5.32}$

⑪ $0.34\overline{)8.84}$

⑫ $0.11\overline{)9.24}$

⑬ $0.47\overline{)7.52}$

⑭ $0.13\overline{)8.84}$

⑮ $0.39\overline{)5.85}$

⑯ $0.16\overline{)9.76}$

⑰ $0.46\overline{)6.44}$

⑱ $0.29\overline{)8.12}$

⑲ $0.28\overline{)7.28}$

⑳ $0.17\overline{)2.55}$

㉑ $0.47\overline{)8.93}$

㉒ $0.37\overline{)5.55}$

㉓ $0.26\overline{)3.38}$

07 (소수 두 자리 수)÷(소수 한 자리 수) A

○ **2.38 ÷ 1.7의 계산**

2.38 ÷ 1.7 = 1.4
↓10배 ↓10배
23.8 ÷ 17 = 1.4

➡ 자릿수가 다른 (소수) ÷ (소수)는 나누는 수가 자연수가 되도록 나누는 수와 나누어지는 수를 똑같이 10배 하여 계산합니다.

원리 비법 나누는 수를 **자연수**로 만들어 줘!

◆ □ 안에 알맞은 수를 써넣으세요.

❶ 9.36 ÷ 3.9 = 2.4
↓10배 ↓10배
□ ÷ □ = □

❷ 9.12 ÷ 1.2 = 7.6
↓10배 ↓10배
□ ÷ □ = □

❸ 8.74 ÷ 4.6 = 1.9
↓10배 ↓10배
□ ÷ □ = □

❹ 6.75 ÷ 2.7 = 2.5
↓10배 ↓10배
□ ÷ □ = □

❺ 8.88 ÷ 2.4 = 3.7
↓10배 ↓10배
□ ÷ □ = □

❻ 9.12 ÷ 4.8 = 1.9
↓10배 ↓10배
□ ÷ □ = □

❼ 7.48 ÷ 3.4 = 2.2
↓10배 ↓10배
□ ÷ □ = □

❽ 8.64 ÷ 1.8 = 4.8
↓10배 ↓10배
□ ÷ □ = □

정답 97쪽

공부한 날짜	맞힌 개수	걸린 시간
월 일	/29	분

나눗셈을 하세요.

9 $4.29 \div 3.9$

10 $5.98 \div 4.6$

11 $4.75 \div 1.9$

12 $4.32 \div 2.7$

13 $3.85 \div 3.5$

14 $4.62 \div 1.4$

15 $6.58 \div 4.7$

16 $9.24 \div 1.1$

17 $8.25 \div 1.5$

18 $7.35 \div 3.5$

19 $6.86 \div 4.9$

20 $8.16 \div 4.8$

21 $7.77 \div 3.7$

22 $7.56 \div 1.8$

23 $7.92 \div 2.4$

24 $5.92 \div 3.7$

25 $5.32 \div 3.8$

26 $2.89 \div 1.7$

27 $6.96 \div 2.9$

28 $7.28 \div 2.8$

29 $5.76 \div 4.8$

08 (소수 두 자리 수)÷(소수 한 자리 수)

2.38 ÷ 1.7의 계산

$$1.7\overline{)2.38} \rightarrow 17\overline{)23.8}$$

$$\begin{array}{r} 1.4 \\ 17\overline{)23.8} \\ \underline{17} \\ 6\,8 \\ \underline{6\,8} \\ 0 \end{array}$$

➡ 2.38 ÷ 1.7의 계산에서 소수점을 오른쪽으로 한 칸씩 이동하여 23.8 ÷ 17로 계산합니다.

원리 비법 나누는 수가 **자연수**가 되도록 소수점을 옮겨 줘!

□ 안에 알맞은 수를 써넣으세요.

1. $2.8\overline{)7.84} \rightarrow 2.8\overline{)7.84}$ 몫: □.□

2. $1.1\overline{)9.79} \rightarrow 1.1\overline{)9.79}$ 몫: □.□

3. $4.6\overline{)5.52} \rightarrow 4.6\overline{)5.52}$ 몫: □.□

4. $4.6\overline{)8.28} \rightarrow 4.6\overline{)8.28}$ 몫: □.□

5. $1.7\overline{)3.57} \rightarrow 1.7\overline{)3.57}$ 몫: □.□

6. $3.6\overline{)3.96} \rightarrow 3.6\overline{)3.96}$ 몫: □.□

7. $2.4\overline{)4.08} \rightarrow 2.4\overline{)4.08}$ 몫: □.□

8. $1.3\overline{)4.03} \rightarrow 1.3\overline{)4.03}$ 몫: □.□

정답 97쪽

공부한 날짜	맞힌 개수	걸린 시간
월 일	/23	분

나눗셈을 하세요.

⑨ $3.5\overline{)4.55}$

⑩ $1.9\overline{)4.18}$

⑪ $2.6\overline{)2.86}$

⑫ $1.5\overline{)7.65}$

⑬ $3.9\overline{)8.58}$

⑭ $4.7\overline{)7.05}$

⑮ $3.9\overline{)4.68}$

⑯ $1.2\overline{)9.36}$

⑰ $4.8\overline{)6.72}$

⑱ $3.6\overline{)4.68}$

⑲ $1.6\overline{)1.92}$

⑳ $2.9\overline{)7.25}$

㉑ $4.6\overline{)5.06}$

㉒ $3.9\overline{)6.63}$

㉓ $1.3\overline{)8.97}$

09 (소수 두 자리 수)÷(소수 한 자리 수)

○ 2.38 ÷ 1.7의 계산

$1.7\overline{)2.38}$ ➡ $17\overline{)23.8}$ ➡ $17\overline{)23.8}$, 몫 1, 17, 68 ➡ $17\overline{)23.8}$, 몫 1.4, 17, 68, 68, 0

원리 비법 나누어지는 수의 소수점을 **몫에도** 똑같이 찍어 줘!

◈ 나눗셈을 하세요.

❶ $1.9\overline{)4.37}$

❷ $3.9\overline{)5.07}$

❸ $2.6\overline{)3.38}$

❹ $4.8\overline{)5.28}$

❺ $4.9\overline{)7.84}$

❻ $1.8\overline{)8.28}$

❼ $3.6\overline{)6.84}$

❽ $1.2\overline{)9.24}$

❾ $1.1\overline{)9.35}$

❿ $2.7\overline{)4.86}$

⓫ $3.6\overline{)8.64}$

⓬ $1.9\overline{)5.32}$

정답 98쪽

공부한 날짜	맞힌 개수	걸린 시간
월 일	/27	분

나눗셈을 하세요.

13. $2.9\overline{)8.12}$

14. $3.8\overline{)8.74}$

15. $1.4\overline{)5.04}$

16. $4.7\overline{)5.17}$

17. $4.7\overline{)9.87}$

18. $2.4\overline{)8.64}$

19. $3.7\overline{)6.29}$

20. $1.2\overline{)8.88}$

21. $3.4\overline{)9.52}$

22. $1.7\overline{)3.23}$

23. $4.9\overline{)6.37}$

24. $1.6\overline{)3.84}$

25. $4.7\overline{)6.11}$

26. $3.5\overline{)8.05}$

27. $2.8\overline{)9.52}$

10 (자연수)÷(소수 한 자리 수)

28 ÷ 3.5의 계산

$$28 \div 3.5 = 8$$

10배 ↓ ↓ 10배

$$280 \div 35 = 8$$

나누는 수 3.5가 자연수가 되도록 28과 3.5에 각각 10씩 곱한 후 계산합니다.

원리 비법 나누는 수를 **자연수**로 만들어 줘!

□ 안에 알맞은 수를 써넣으세요.

1. $47 \div 9.4 = 5$
   10배 ↓ ↓ 10배
   □ ÷ □ = □

2. $21 \div 3.5 = 6$
   10배 ↓ ↓ 10배
   □ ÷ □ = □

3. $17 \div 8.5 = 2$
   10배 ↓ ↓ 10배
   □ ÷ □ = □

4. $60 \div 7.5 = 8$
   10배 ↓ ↓ 10배
   □ ÷ □ = □

5. $5 \div 2.5 = 2$
   10배 ↓ ↓ 10배
   □ ÷ □ = □

6. $22 \div 4.4 = 5$
   10배 ↓ ↓ 10배
   □ ÷ □ = □

7. $23 \div 4.6 = 5$
   10배 ↓ ↓ 10배
   □ ÷ □ = □

8. $29 \div 5.8 = 5$
   10배 ↓ ↓ 10배
   □ ÷ □ = □

정답 98쪽

공부한 날짜	맞힌 개수	걸린 시간
월 일	/29	분

나눗셈을 하세요.

❾ $13 \div 2.6$

⓰ $16 \div 3.2$

㉓ $39 \div 7.8$

❿ $22 \div 5.5$

⓱ $18 \div 3.6$

㉔ $11 \div 5.5$

⓫ $68 \div 8.5$

⓲ $57 \div 9.5$

㉕ $20 \div 2.5$

⓬ $46 \div 9.2$

⓳ $27 \div 4.5$

㉖ $32 \div 6.4$

⓭ $12 \div 2.4$

⓴ $28 \div 5.6$

㉗ $34 \div 8.5$

⓮ $52 \div 6.5$

㉑ $36 \div 7.2$

㉘ $7 \div 3.5$

⓯ $10 \div 2.5$

㉒ $26 \div 5.2$

㉙ $33 \div 6.6$

11 (자연수)÷(소수 한 자리 수) B

28 ÷ 3.5의 계산

$$28 \div 3.5 = \frac{280}{10} \div \frac{35}{10} = 280 \div 35 = 8$$

➡ 28을 $\frac{35}{10}$와 같은 분모가 되도록 $\frac{280}{10}$으로 고쳐서 계산합니다.

원리 비법 **분수의 나눗셈으로** 고쳐서 계산해!

□ 안에 알맞은 수를 써넣으세요.

❶ $30 \div 7.5 = \frac{\square}{10} \div \frac{\square}{10} = \square \div \square = \square$

❷ $20 \div 2.5 = \frac{\square}{10} \div \frac{\square}{10} = \square \div \square = \square$

❸ $18 \div 3.6 = \frac{\square}{10} \div \frac{\square}{10} = \square \div \square = \square$

❹ $29 \div 5.8 = \frac{\square}{10} \div \frac{\square}{10} = \square \div \square = \square$

❺ $44 \div 8.8 = \frac{\square}{10} \div \frac{\square}{10} = \square \div \square = \square$

❻ $34 \div 8.5 = \frac{\square}{10} \div \frac{\square}{10} = \square \div \square = \square$

❼ $57 \div 9.5 = \frac{\square}{10} \div \frac{\square}{10} = \square \div \square = \square$

❽ $7 \div 3.5 = \frac{\square}{10} \div \frac{\square}{10} = \square \div \square = \square$

❾ $36 \div 4.5 = \frac{\square}{10} \div \frac{\square}{10} = \square \div \square = \square$

❿ $26 \div 5.2 = \frac{\square}{10} \div \frac{\square}{10} = \square \div \square = \square$

정답 98쪽

공부한 날짜	맞힌 개수	걸린 시간
월 일	/31	분

나눗셈을 하세요.

⑪ $38 \div 7.6$

⑫ $16 \div 3.2$

⑬ $5 \div 2.5$

⑭ $19 \div 9.5$

⑮ $41 \div 8.2$

⑯ $33 \div 5.5$

⑰ $39 \div 6.5$

⑱ $13 \div 6.5$

⑲ $22 \div 4.4$

⑳ $68 \div 8.5$

㉑ $13 \div 2.6$

㉒ $33 \div 6.6$

㉓ $48 \div 9.6$

㉔ $21 \div 3.5$

㉕ $42 \div 8.4$

㉖ $37 \div 7.4$

㉗ $11 \div 2.2$

㉘ $47 \div 9.4$

㉙ $18 \div 4.5$

㉚ $76 \div 9.5$

㉛ $24 \div 4.8$

12 (자연수)÷(소수 한 자리 수)

○ **28 ÷ 3.5의 계산**

$3.5\overline{)28.0}$ ➡ $35\overline{)280}$, 몫 8, 280, 0

➡ 28에서 오른쪽으로 한 칸 옮길 소수점이 없을 때에는 28의 오른쪽에 0을 하나 추가합니다.

원리 비법 나누는 수와 나누어지는 수의 소수점을 **똑같이 옮겨**!

□ 안에 알맞은 수를 써넣으세요.

❶ $4.5\overline{)18}$ ➡ $4.5\overline{)18.0}$, 몫 □

❷ $9.2\overline{)46}$ ➡ $9.2\overline{)46.0}$, 몫 □

❸ $5.5\overline{)44}$ ➡ $5.5\overline{)44.0}$, 몫 □

❹ $4.8\overline{)24}$ ➡ $4.8\overline{)24.0}$, 몫 □

❺ $8.2\overline{)41}$ ➡ $8.2\overline{)41.0}$, 몫 □

❻ $3.2\overline{)16}$ ➡ $3.2\overline{)16.0}$, 몫 □

❼ $7.4\overline{)37}$ ➡ $7.4\overline{)37.0}$, 몫 □

❽ $2.5\overline{)10}$ ➡ $2.5\overline{)10.0}$, 몫 □

정답 98쪽

공부한 날짜	맞힌 개수	걸린 시간
월 일	/23	분

나눗셈을 하세요.

⑨ $8.5\overline{)51}$

⑩ $9.5\overline{)57}$

⑪ $5.4\overline{)27}$

⑫ $9.6\overline{)48}$

⑬ $8.5\overline{)17}$

⑭ $6.5\overline{)13}$

⑮ $2.6\overline{)13}$

⑯ $8.6\overline{)43}$

⑰ $5.8\overline{)29}$

⑱ $2.4\overline{)12}$

⑲ $3.5\overline{)28}$

⑳ $7.5\overline{)60}$

㉑ $4.2\overline{)21}$

㉒ $3.5\overline{)7}$

㉓ $6.5\overline{)39}$

13 (자연수)÷(소수 두 자리 수)

○ 14 ÷ 1.75의 계산

14 ÷ 1.75 = 8
100배↓ ↓100배
1400 ÷ 175 = 8

➡ 나누는 수 1.75가 자연수가 되도록 나누어지는 수 14와 나누는 수 1.75에 모두 100을 곱해 1400 ÷ 175로 계산합니다.

나누는 수와 나누어지는 수를 똑같이 **100배** 하여 계산해!

□ 안에 알맞은 수를 써넣으세요.

❶ 108 ÷ 2.16 = 50
↓100배 ↓100배
□ ÷ □ = □

❷ 142 ÷ 2.84 = 50
↓100배 ↓100배
□ ÷ □ = □

❸ 37 ÷ 1.85 = 20
↓100배 ↓100배
□ ÷ □ = □

❹ 121 ÷ 2.42 = 50
↓100배 ↓100배
□ ÷ □ = □

❺ 50 ÷ 1.25 = 40
↓100배 ↓100배
□ ÷ □ = □

❻ 29 ÷ 1.45 = 20
↓100배 ↓100배
□ ÷ □ = □

❼ 189 ÷ 3.15 = 60
↓100배 ↓100배
□ ÷ □ = □

❽ 83 ÷ 1.66 = 50
↓100배 ↓100배
□ ÷ □ = □

정답 99쪽

공부한 날짜	맞힌 개수	걸린 시간
월 일	/29	분

나눗셈을 하세요.

9 $54 \div 1.35$

10 $135 \div 2.25$

11 $47 \div 2.35$

12 $65 \div 3.25$

13 $93 \div 1.86$

14 $156 \div 3.12$

15 $126 \div 2.52$

16 $54 \div 1.35$

17 $268 \div 3.35$

18 $177 \div 3.54$

19 $31 \div 1.55$

20 $177 \div 2.95$

21 $59 \div 1.18$

22 $183 \div 3.66$

23 $139 \div 2.78$

24 $46 \div 1.15$

25 $35 \div 1.75$

26 $128 \div 2.56$

27 $168 \div 3.36$

28 $146 \div 2.92$

29 $78 \div 1.95$

14 (자연수)÷(소수 두 자리 수) B

∘14 ÷ 1.75의 계산

$1.75\overline{)14} \Rightarrow 1.75\overline{)14.00}$, 몫 8, 1400, 나머지 0

➡ 14 ÷ 1.75의 계산에서 소수점을 오른쪽으로 두 칸씩 이동하여 1400 ÷ 175로 계산합니다. 옮길 소수점이 없을 때에는 소수점만큼 0을 추가합니다.

원리 비법 나누어지는 수의 옮긴 소수점의 위치를 몫에도 그대로 써!

□ 안에 알맞은 수를 써넣으세요.

❶ $1.14\overline{)57} \Rightarrow 1.14\overline{)57.00}$ 몫: □□

❷ $2.44\overline{)122} \Rightarrow 2.44\overline{)122.00}$ 몫: □□

❸ $3.28\overline{)164} \Rightarrow 3.28\overline{)164.00}$ 몫: □□

❹ $1.52\overline{)76} \Rightarrow 1.52\overline{)76.00}$ 몫: □□

❺ $2.15\overline{)129} \Rightarrow 2.15\overline{)129.00}$ 몫: □□

❻ $2.95\overline{)59} \Rightarrow 2.95\overline{)59.00}$ 몫: □□

❼ $1.92\overline{)96} \Rightarrow 1.92\overline{)96.00}$ 몫: □□

❽ $2.14\overline{)107} \Rightarrow 2.14\overline{)107.00}$ 몫: □□

정답 99쪽

공부한 날짜	맞힌 개수	걸린 시간
월 일	/23	분

나눗셈을 하세요.

⑨ $3.55\overline{)142}$

⑩ $3.65\overline{)73}$

⑪ $1.24\overline{)62}$

⑫ $2.86\overline{)143}$

⑬ $2.46\overline{)123}$

⑭ $1.15\overline{)92}$

⑮ $1.56\overline{)78}$

⑯ $3.95\overline{)79}$

⑰ $2.45\overline{)49}$

⑱ $2.15\overline{)43}$

⑲ $3.25\overline{)195}$

⑳ $2.55\overline{)153}$

㉑ $1.72\overline{)86}$

㉒ $1.85\overline{)111}$

㉓ $3.15\overline{)63}$

15 (자연수)÷(소수 두 자리 수)

○14 ÷ 1.75의 계산

$$1.75\overline{)14} \rightarrow 175\overline{)1400} \rightarrow \begin{array}{r} 8 \\ 175\overline{)1400} \\ \underline{1400} \\ 0 \end{array}$$

→ 14 ÷ 1.75의 계산을 1400 ÷ 175로 고쳐서 계산합니다.

원리 비법 소수점을 옮긴 수만큼 **0을 붙여 줘!**

나눗셈을 하세요.

1. $1.12\overline{)56}$
2. $3.48\overline{)174}$
3. $1.44\overline{)72}$
4. $1.54\overline{)77}$
5. $2.98\overline{)149}$
6. $1.84\overline{)92}$
7. $3.98\overline{)199}$
8. $2.32\overline{)116}$
9. $3.55\overline{)213}$
10. $2.64\overline{)132}$
11. $2.48\overline{)124}$
12. $3.94\overline{)197}$

정답 99쪽

공부한 날짜	맞힌 개수	걸린 시간
월 일	/27	분

나눗셈을 하세요.

⑬ $2.85\overline{)228}$

⑱ $3.35\overline{)67}$

㉓ $1.85\overline{)148}$

⑭ $3.26\overline{)163}$

⑲ $1.62\overline{)81}$

㉔ $2.15\overline{)172}$

⑮ $1.45\overline{)116}$

⑳ $3.58\overline{)179}$

㉕ $2.35\overline{)141}$

⑯ $2.76\overline{)138}$

㉑ $1.22\overline{)61}$

㉖ $3.68\overline{)184}$

⑰ $2.85\overline{)57}$

㉒ $3.95\overline{)316}$

㉗ $1.65\overline{)132}$

16 몫을 자연수 부분까지 구하기

○ 32 ÷ 7의 계산

		4	.	5
7)	3	2	.	0
	2	8		
		4		0
		3		5
				5

몫의 소수 첫째 자리 숫자가 5이므로 몫을 반올림하여 일의 자리까지 나타내면 5입니다.

➡ 몫을 반올림하여 자연수 부분까지 구할 때에는 몫을 소수 첫째 자리에서 반올림하여 나타냅니다.

원리 비법 소수 첫째 자리에서 반올림을 해야 해!

□ 안에 알맞은 수를 써넣고, 몫을 반올림하여 자연수 부분까지 나타내세요.

❶ $3\overline{)16.0}$

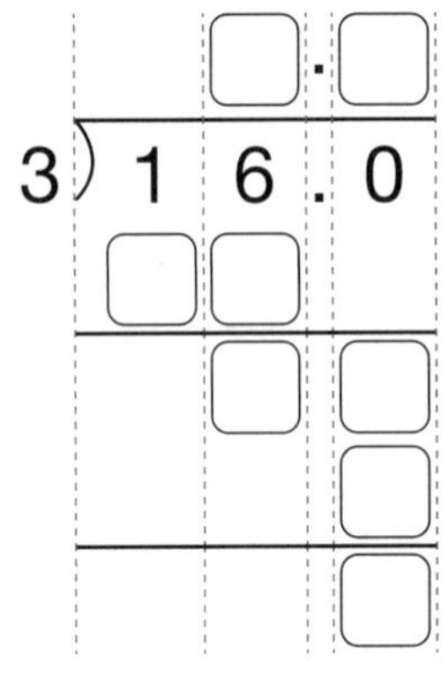

➡ 몫: ______

❷ $7\overline{)15.0}$

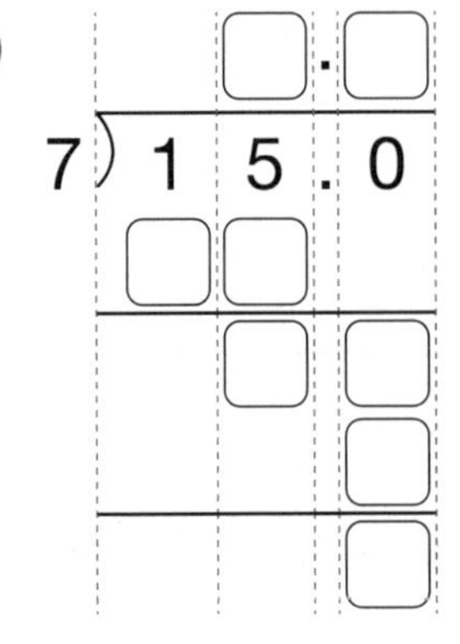

➡ 몫: ______

❸ $8\overline{)14.0}$

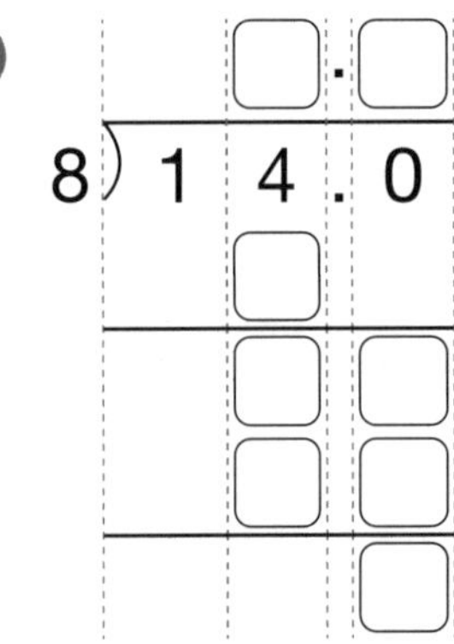

➡ 몫: ______

❹ $7\overline{)39.0}$

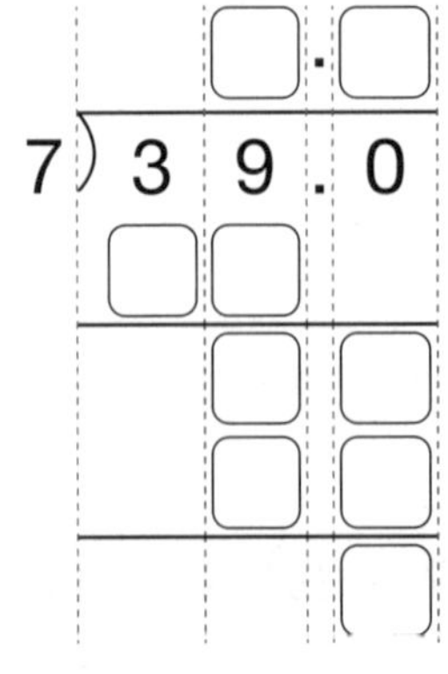

➡ 몫: ______

❺ $6\overline{)14.0}$

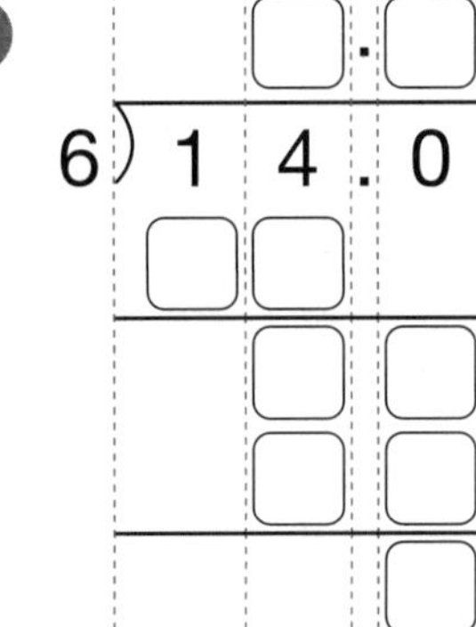

➡ 몫: ______

❻ $9\overline{)16.0}$

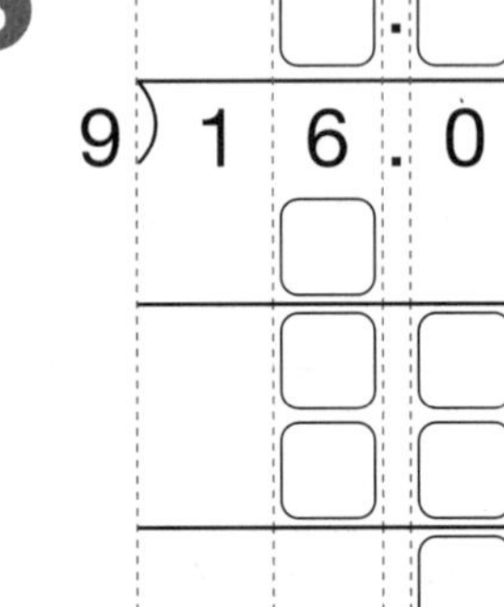

➡ 몫: ______

정답 99쪽

공부한 날짜	맞힌 개수	걸린 시간
월 일	/18	분

 □ 안에 알맞은 수를 써넣으세요.

7. $7\overline{)57.0}$

8. $6\overline{)20.0}$

9. $7\overline{)31.0}$

10. $9\overline{)77.0}$

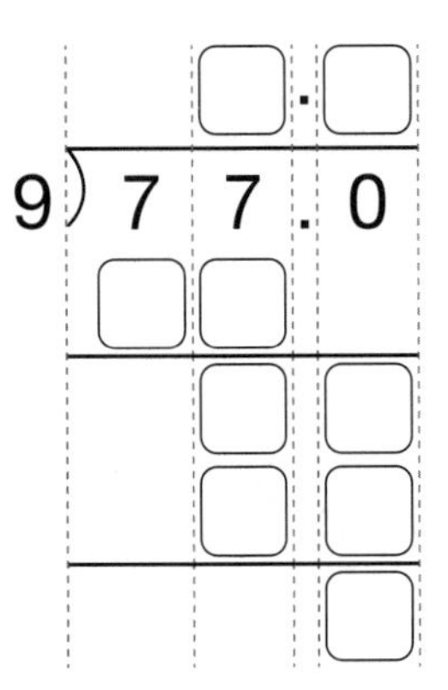

11. $9\overline{)35.0}$

12. $3\overline{)20.0}$

13. $8\overline{)65.0}$

14. $6\overline{)47.0}$

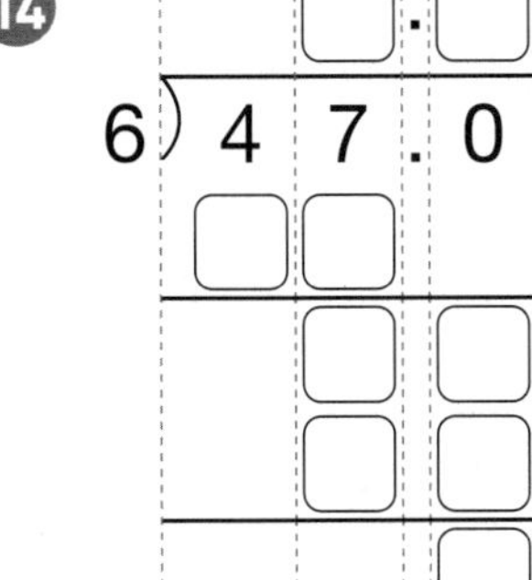

15. $3\overline{)13.0}$

16. $8\overline{)26.0}$

17. $9\overline{)41.0}$

18. $7\overline{)25.0}$

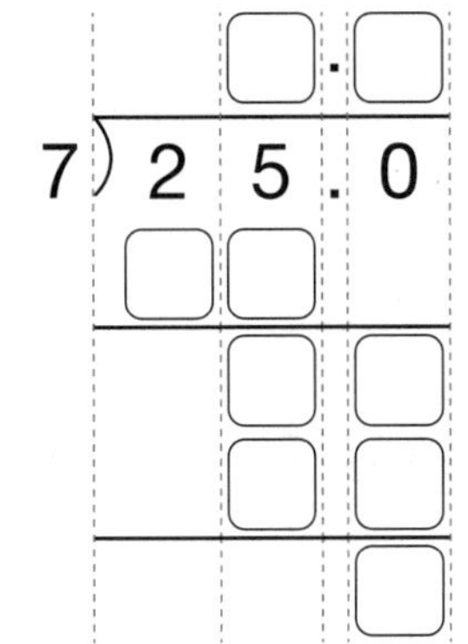

17 몫을 자연수 부분까지 구하기

○ 32 ÷ 7의 계산

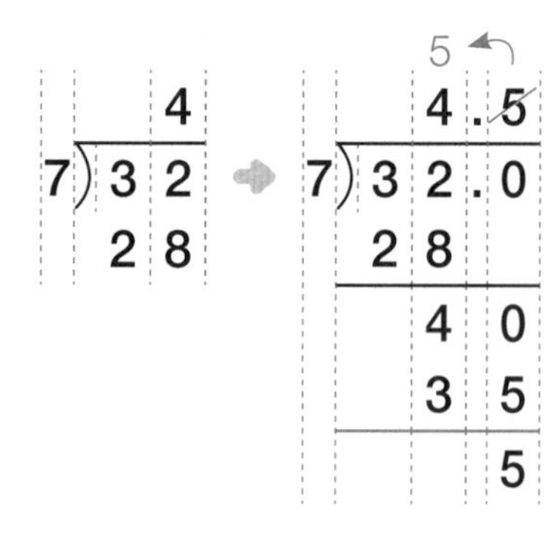

➡ 몫을 자연수로 나타내고 싶을 때에는 소수 첫째 자리인 5까지 몫을 구하고 5를 일의 자리로 반올림합니다.

구하고 싶은 자릿수 **다음 자리**까지 구해서 반올림해!

소수 첫째 자리에서 반올림하여 몫의 자연수 부분까지 구하세요.

❶ $9\overline{)52}$

❷ $8\overline{)22}$

❸ $6\overline{)16}$

❹ $7\overline{)36}$

❺ $3\overline{)29}$

❻ $9\overline{)61}$

❼ $9\overline{)43}$

❽ $8\overline{)53}$

❾ $7\overline{)47}$

❿ $6\overline{)49}$

⓫ $7\overline{)33}$

⓬ $8\overline{)29}$

↻ 정답 100쪽

공부한 날짜	맞힌 개수	걸린 시간
월 일	/27	분

소수 첫째 자리에서 반올림하여 몫의 자연수 부분까지 구하세요.

⑬ $3\overline{)11}$

⑭ $8\overline{)67}$

⑮ $8\overline{)69}$

⑯ $7\overline{)58}$

⑰ $6\overline{)34}$

⑱ $6\overline{)40}$

⑲ $8\overline{)35}$

⑳ $9\overline{)57}$

㉑ $8\overline{)17}$

㉒ $7\overline{)27}$

㉓ $9\overline{)38}$

㉔ $8\overline{)41}$

㉕ $9\overline{)78}$

㉖ $7\overline{)13}$

㉗ $9\overline{)19}$

18 몫을 반올림하여 나타내기

○ 32 ÷ 7의 계산

			4	.	5	7	1
7)	3	2	.	0	0	0
	2	8				
		4		0		
		3		5		
				5	0	
				4	9	
					1	0
						7
						3

① 몫의 소수 첫째 자리 숫자가 5이므로 몫을 반올림하여 일의 자리까지 나타내면 5입니다.

② 몫의 소수 둘째 자리 숫자가 7이므로 몫을 반올림하여 소수 첫째 자리까지 나타내면 4.6입니다.

③ 몫의 소수 셋째 자리 숫자가 1이므로 몫을 반올림하여 소수 둘째 자리까지 나타내면 4.57입니다.

원리 비법 간단한 소수로 구해지지 않으면 몫을 **반올림**해!

◆ □ 안에 알맞은 수를 써넣으세요.

1

$$7\overline{)\,12.000}$$

- 소수 첫째 자리까지 ➡ □.□
- 소수 둘째 자리까지 ➡ □.□□

2

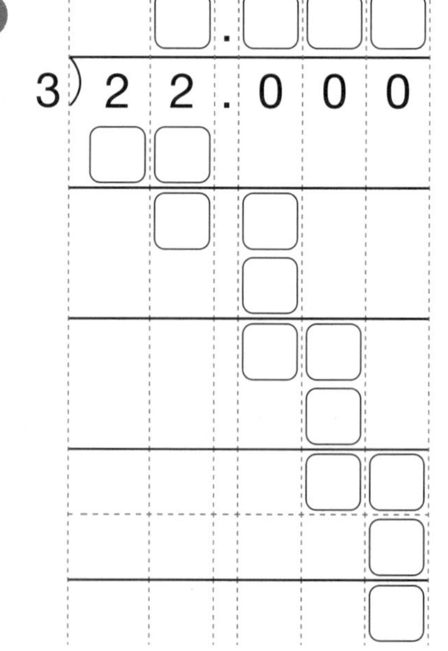

- 소수 첫째 자리까지 ➡ □.□
- 소수 둘째 자리까지 ➡ □.□□

정답 100쪽

공부한 날짜	맞힌 개수	걸린 시간
월 일	/6	분

□ 안에 알맞은 수를 써넣으세요.

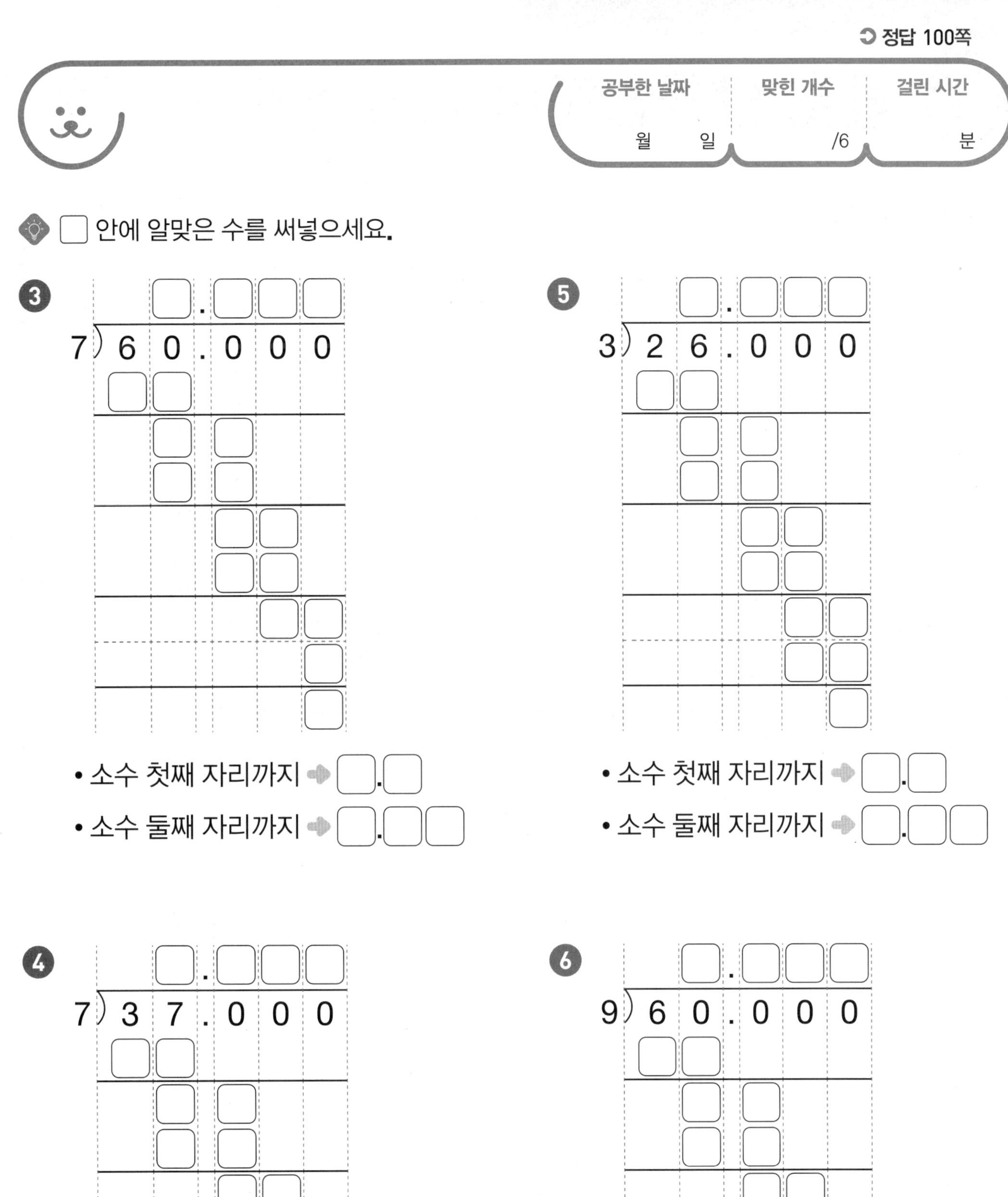

3
- 소수 첫째 자리까지 ➡ □.□
- 소수 둘째 자리까지 ➡ □.□□

5
- 소수 첫째 자리까지 ➡ □.□
- 소수 둘째 자리까지 ➡ □.□□

4
- 소수 첫째 자리까지 ➡ □.□
- 소수 둘째 자리까지 ➡ □.□□

6
- 소수 첫째 자리까지 ➡ □.□
- 소수 둘째 자리까지 ➡ □.□□

19 몫을 반올림하여 나타내기

○ 32 ÷ 7의 계산

```
      4            4.5            4.57             4.571
7)32    ➡   7)32.0    ➡   7)32.00    ➡   7)32.000
  28          28             28               28
              40             40               40
              35             35               35
                             50               50
                             49               49
                                              10
                                               7
                                               3
```

➡ 소수 둘째 자리까지 몫을 나타내고 싶을 때에는 소수 셋째 자리인 1을 버리고 4.57까지 나타냅니다.

원리 비법 구하고 싶은 자릿수 **다음 자리**까지 구해서 반올림해!

◈ 소수 셋째 자리에서 반올림하여 소수 둘째 자리까지 구하세요.

❶ $9\overline{)64}$

❹ $8\overline{)13}$

❼ $7\overline{)17}$

❷ $6\overline{)43}$

❺ $7\overline{)36}$

❽ $9\overline{)17}$

❸ $8\overline{)25}$

❻ $7\overline{)26}$

❾ $7\overline{)30}$

정답 100쪽

공부한 날짜	맞힌 개수	걸린 시간
월 일	/24	분

소수 셋째 자리에서 반올림하여 소수 둘째 자리까지 구하세요.

⑩ $9\overline{)56}$

⑪ $7\overline{)51}$

⑫ $9\overline{)50}$

⑬ $6\overline{)41}$

⑭ $7\overline{)23}$

⑮ $8\overline{)31}$

⑯ $8\overline{)37}$

⑰ $7\overline{)11}$

⑱ $3\overline{)50}$

⑲ $8\overline{)63}$

⑳ $9\overline{)30}$

㉑ $6\overline{)23}$

㉒ $9\overline{)76}$

㉓ $7\overline{)34}$

㉔ $9\overline{)47}$

01 비의 성질

○ 2 : 3의 비율

2 : 3의 비율 ➡ $\frac{2}{3}$

4 : 6의 비율 ➡ $\frac{4}{6}=\frac{2}{3}$

2 : 3 = 4 : 6 = 6 : 9 (×2, ×3)

➡ 2 : 3의 전항과 후항에 각각 2, 3을 곱합니다.

원리 비법 전항과 후항에 0이 아닌 **같은 수를 곱해도** 비율은 같아!

□ 안에 알맞은 수를 써넣으세요.

❶ 5 : 7 = □ : □ = □ : □ (×2, ×3)

❷ 2 : 5 = □ : □ = □ : □ (×2, ×3)

❸ 4 : 7 = □ : □ = □ : □ (×2, ×3)

❹ 4 : 3 = □ : □ = □ : □ (×2, ×3)

❺ 1 : 5 = □ : □ = □ : □ (×2, ×3)

❻ 9 : 2 = □ : □ = □ : □ (×2, ×3)

❼ 8 : 7 = □ : □ = □ : □ (×2, ×3)

❽ 5 : 3 = □ : □ = □ : □ (×2, ×3)

정답 101쪽

□ 안에 알맞은 수를 써넣으세요.

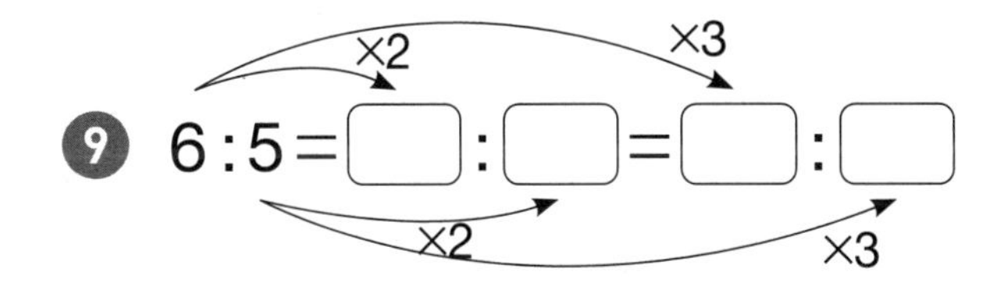

❾ 6 : 5 = □ : □ = □ : □

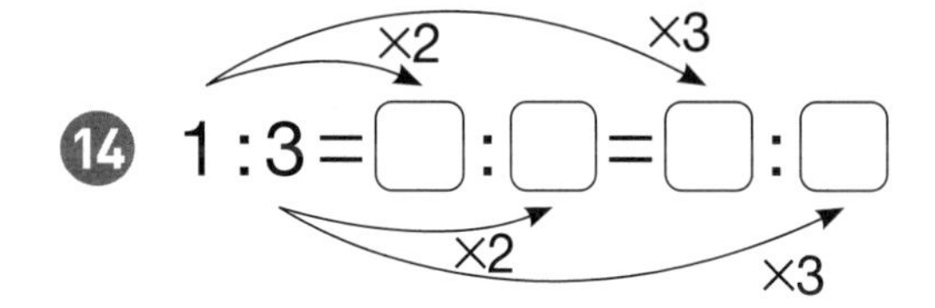

⓮ 1 : 3 = □ : □ = □ : □

❿ 8 : 3 = □ : □ = □ : □ (×2, ×3)

⓯ 2 : 7 = □ : □ = □ : □ (×2, ×3)

⓫ 2 : 1 = □ : □ = □ : □ (×2, ×3)

⓰ 3 : 8 = □ : □ = □ : □ (×2, ×3)

⓬ 1 : 4 = □ : □ = □ : □ (×2, ×3)

⓱ 7 : 2 = □ : □ = □ : □ (×2, ×3)

⓭ 3 : 4 = □ : □ = □ : □ (×2, ×3)

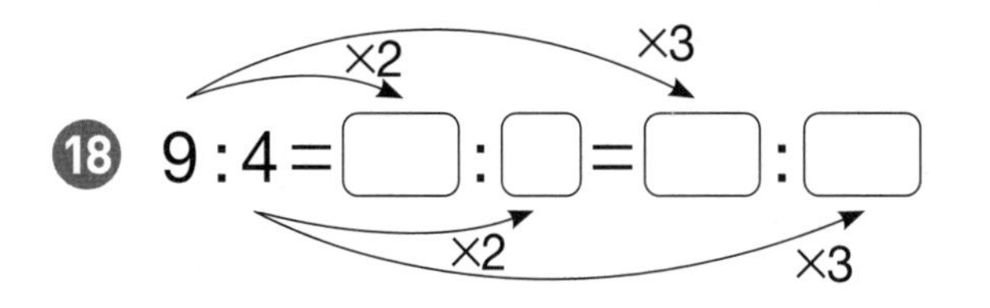

⓲ 9 : 4 = □ : □ = □ : □

02 비의 성질

B

○ 36 : 12의 비율

36 : 12의 비율 ➡ $\frac{36}{12}=\frac{18}{6}$

36 : 12의 비율 ➡ $\frac{36}{12}=\frac{12}{4}$

36 : 12 = 18 : 6 = 12 : 4 (÷2, ÷3)

➡ 36 : 12의 전항과 후항을 각각 2, 3으로 나눕니다.

원리 비법 전항과 후항을 0이 아닌 **같은 수로 나누어도** 비율은 같아!

□ 안에 알맞은 수를 써넣으세요.

❶ 12 : 24 = □ : □ = □ : □ (÷2, ÷3)

❷ 36 : 48 = □ : □ = □ : □ (÷2, ÷3)

❸ 48 : 24 = □ : □ = □ : □ (÷2, ÷3)

❹ 24 : 12 = □ : □ = □ : □ (÷2, ÷3)

❺ 60 : 36 = □ : □ = □ : □ (÷2, ÷3)

❻ 24 : 108 = □ : □ = □ : □ (÷2, ÷3)

❼ 36 : 60 = □ : □ = □ : □ (÷2, ÷3)

❽ 60 : 84 = □ : □ = □ : □ (÷2, ÷3)

정답 101쪽

공부한 날짜
월 일
맞힌 개수
/18
걸린 시간
분

□ 안에 알맞은 수를 써넣으세요.

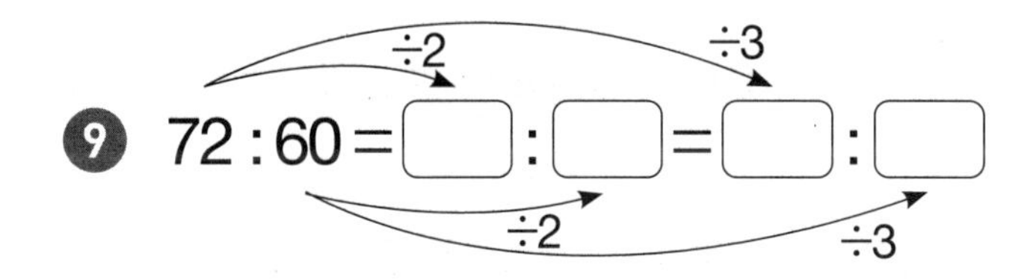

⑨ 72 : 60 = □ : □ = □ : □ (÷2, ÷3)

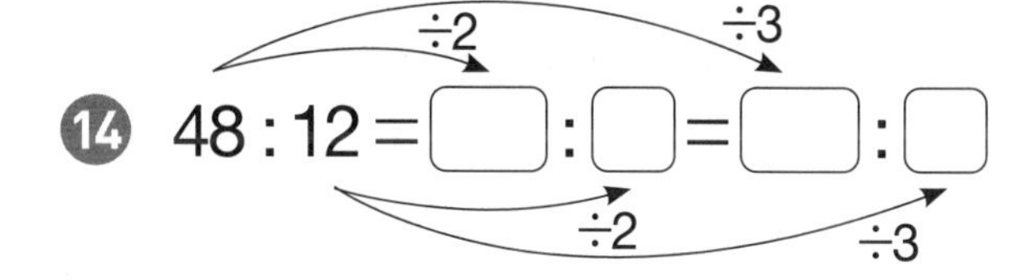

⑭ 48 : 12 = □ : □ = □ : □ (÷2, ÷3)

⑩ 36 : 84 = □ : □ = □ : □ (÷2, ÷3)

⑮ 24 : 36 = □ : □ = □ : □ (÷2, ÷3)

⑪ 108 : 48 = □ : □ = □ : □ (÷2, ÷3)

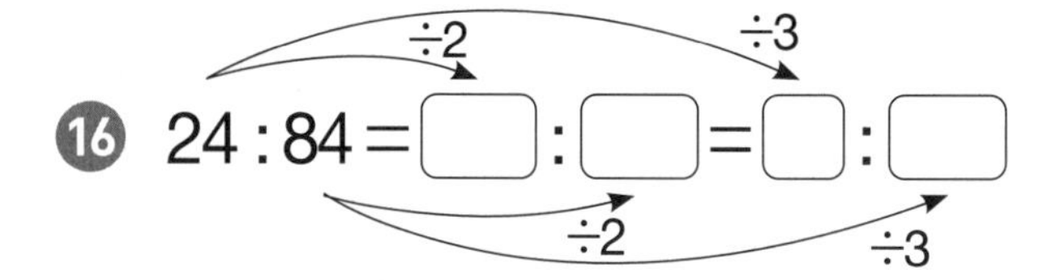

⑯ 24 : 84 = □ : □ = □ : □ (÷2, ÷3)

⑫ 12 : 36 = □ : □ = □ : □ (÷2, ÷3)

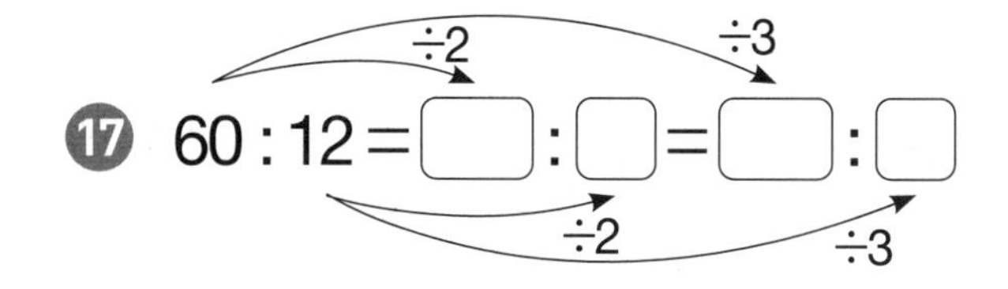

⑰ 60 : 12 = □ : □ = □ : □ (÷2, ÷3)

⑬ 84 : 24 = □ : □ = □ : □ (÷2, ÷3)

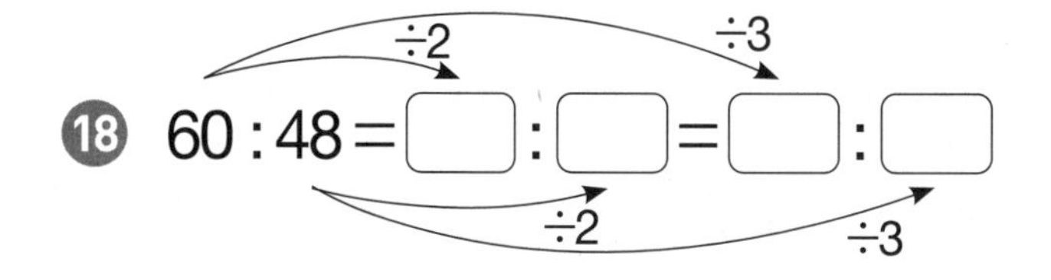

⑱ 60 : 48 = □ : □ = □ : □ (÷2, ÷3)

03 간단한 자연수의 비로 나타내기 A

(자연수) : (자연수)

$$\underset{\div 12}{\overset{\div 12}{24:36=2:3}}$$

전항과 후항을 두 수의 최대공약수로 나누어 간단한 자연수의 비로 나타냅니다.

(소수) : (소수)

$$\underset{\times 10}{\overset{\times 10}{0.6:0.3=6:3=2:1}}$$

전항과 후항에 10, 100, 1000……을 곱하여 간단한 자연수의 비로 나타냅니다.

원리 비법 비는 보통 **가장 간단한** 자연수의 비로 나타내!

간단한 자연수의 비로 나타내세요.

❶ 2 : 8 = □ : □

❷ 15 : 6 = □ : □

❸ 20 : 32 = □ : □

❹ 8 : 12 = □ : □

❺ 2 : 14 = □ : □

❻ 9 : 15 = □ : □

❼ 18 : 15 = □ : □

❽ 4 : 2 = □ : □

❾ 9 : 24 = □ : □

❿ 14 : 2 = □ : □

⓫ 16 : 12 = □ : □

⓬ 2 : 16 = □ : □

⓭ 32 : 4 = □ : □

⓮ 16 : 36 = □ : □

⓯ 4 : 14 = □ : □

⓰ 15 : 12 = □ : □

⓱ 9 : 6 = □ : □

⓲ 12 : 4 = □ : □

정답 101쪽

공부한 날짜	맞힌 개수	걸린 시간
월 일	/39	분

간단한 자연수의 비로 나타내세요.

⑲ $0.2:0.7=\square:\square$

⑳ $0.3:0.7=\square:\square$

㉑ $0.6:0.7=\square:\square$

㉒ $0.7:0.8=\square:\square$

㉓ $0.4:0.7=\square:\square$

㉔ $0.2:0.9=\square:\square$

㉕ $0.9:0.2=\square:\square$

㉖ $0.1:0.5=\square:\square$

㉗ $0.7:0.2=\square:\square$

㉘ $0.1:0.8=\square:\square$

㉙ $0.5:0.6=\square:\square$

㉚ $0.3:0.8=\square:\square$

㉛ $0.3:0.1=\square:\square$

㉜ $0.4:0.3=\square:\square$

㉝ $0.3:0.2=\square:\square$

㉞ $0.6:0.1=\square:\square$

㉟ $0.7:0.4=\square:\square$

㊱ $0.5:0.8=\square:\square$

㊲ $0.5:0.1=\square:\square$

㊳ $0.8:0.3=\square:\square$

㊴ $0.1:0.3=\square:\square$

04 간단한 자연수의 비로 나타내기

(분수) : (분수)

$$\frac{1}{6} : \frac{1}{8} = 4 : 3$$ (×24, ×24)

전항과 후항에 두 분모의 최소공배수를 곱하여 간단한 자연수의 비로 나타냅니다.

소수와 분수의 비

$$0.2 : \frac{3}{10} = 0.2 : 0.3 = 2 : 3$$ (×10, ×10)

전항과 후항이 모두 소수 또는 분수가 되도록 고친 다음 간단한 자연수의 비로 나타냅니다.

원리 비법 적당한 수를 곱해서 간단한 **자연수의 비**로 나타내!

간단한 자연수의 비로 나타내세요.

1. $\frac{1}{7} : \frac{1}{9} = \square : \square$

2. $\frac{1}{2} : \frac{1}{3} = \square : \square$

3. $\frac{1}{8} : \frac{1}{3} = \square : \square$

4. $\frac{1}{3} : \frac{1}{2} = \square : \square$

5. $\frac{1}{4} : \frac{1}{9} = \square : \square$

6. $\frac{1}{12} : \frac{1}{5} = \square : \square$

7. $\frac{1}{5} : \frac{1}{8} = \square : \square$

8. $\frac{1}{2} : \frac{1}{9} = \square : \square$

9. $\frac{1}{5} : \frac{1}{6} = \square : \square$

10. $\frac{1}{3} : \frac{1}{5} = \square : \square$

11. $\frac{1}{5} : \frac{1}{4} = \square : \square$

12. $\frac{1}{11} : \frac{1}{2} = \square : \square$

13. $\frac{1}{4} : \frac{1}{3} = \square : \square$

14. $\frac{1}{12} : \frac{1}{9} = \square : \square$

15. $\frac{1}{7} : \frac{1}{3} = \square : \square$

정답 101쪽

공부한 날짜	맞힌 개수	걸린 시간
월 일	/33	분

간단한 자연수의 비로 나타내세요.

⑯ $0.1 : \frac{8}{10} = \square : \square$

⑰ $0.3 : \frac{2}{10} = \square : \square$

⑱ $0.7 : \frac{3}{10} = \square : \square$

⑲ $0.4 : \frac{1}{10} = \square : \square$

⑳ $0.1 : \frac{3}{10} = \square : \square$

㉑ $0.5 : \frac{7}{10} = \square : \square$

㉒ $0.1 : \frac{5}{10} = \square : \square$

㉓ $0.2 : \frac{5}{10} = \square : \square$

㉔ $0.5 : \frac{2}{10} = \square : \square$

㉕ $0.3 : \frac{7}{10} = \square : \square$

㉖ $0.1 : \frac{9}{10} = \square : \square$

㉗ $0.4 : \frac{7}{10} = \square : \square$

㉘ $0.1 : \frac{6}{10} = \square : \square$

㉙ $0.7 : \frac{8}{10} = \square : \square$

㉚ $0.5 : \frac{9}{10} = \square : \square$

㉛ $0.8 : \frac{3}{10} = \square : \square$

㉜ $0.2 : \frac{9}{10} = \square : \square$

㉝ $0.2 : \frac{3}{10} = \square : \square$

05 비례식의 성질

비례식의 성질 알아보기

$1 \times 12 = 12$

1 : 4 = 3 : 12 ➡ 외항의 곱과 내항의 곱은 12로 같습니다.

$4 \times 3 = 12$

원리 비법 비례식에서 내항의 곱과 외항의 곱은 **항상 같아**!

□ 안에 알맞은 수를 써넣으세요.

1. 5 : 3 = 10 : □
2. 2 : 1 = 8 : □
3. 1 : 6 = 3 : □
4. 8 : 5 = 16 : □
5. 2 : 5 = 6 : □
6. 5 : 7 = 10 : □
7. 1 : 4 = 4 : □
8. 2 : 9 = 4 : □
9. 6 : 7 = 12 : □
10. 8 : 1 = 32 : □
11. 7 : 8 = 28 : □
12. 7 : 2 = 21 : □
13. 5 : 9 = 15 : □
14. 4 : 1 = 12 : □
15. 4 : 9 = 16 : □
16. 9 : 2 = 27 : □
17. 9 : 7 = 18 : □
18. 3 : 4 = 12 : □

정답 102쪽

공부한 날짜	맞힌 개수	걸린 시간
월 일	/39	분

□ 안에 알맞은 수를 써넣으세요.

⑲ $1:5=3:\square$

⑳ $9:5=18:\square$

㉑ $4:7=8:\square$

㉒ $3:8=12:\square$

㉓ $5:2=20:\square$

㉔ $8:9=32:\square$

㉕ $4:5=12:\square$

㉖ $1:8=4:\square$

㉗ $2:3=6:\square$

㉘ $2:7=6:\square$

㉙ $3:1=6:\square$

㉚ $4:3=12:\square$

㉛ $5:6=10:\square$

㉜ $9:1=18:\square$

㉝ $6:5=12:\square$

㉞ $1:3=4:\square$

㉟ $8:3=32:\square$

㊱ $7:6=21:\square$

㊲ $9:10=18:\square$

㊳ $7:1=21:\square$

㊴ $8:10=32:\square$

06 비례배분

12를 1 : 2로 비례배분하기

$$12 \times \frac{1}{1+2} = 4, 12 \times \frac{2}{1+2} = 8$$

전체를 주어진 비로 배분하는 것을 비례배분이라고 합니다.

전체 □를 (가) : (나)로 비례배분하기

$$\square \times \frac{(가)}{(가)+(나)}, \square \times \frac{(나)}{(가)+(나)}$$

비례배분한 수를 더하면 **전체**와 같아!

주어진 수와 비로 비례배분하세요.

1. 12를 1 : 2로 비례배분하기

$12 \times \frac{1}{1+2} = \square, 12 \times \frac{\square}{1+2} = \square$

2. 25를 2 : 3으로 비례배분하기

$25 \times \frac{2}{2+3} = \square, 25 \times \frac{\square}{2+3} = \square$

3. 16을 1 : 3으로 비례배분하기

$16 \times \frac{1}{1+3} = \square, 16 \times \frac{\square}{1+3} = \square$

4. 20을 3 : 1로 비례배분하기

$20 \times \frac{3}{3+1} = \square, 20 \times \frac{\square}{3+1} = \square$

5. 9를 2 : 1로 비례배분하기

$9 \times \frac{2}{2+1} = \square, 9 \times \frac{\square}{2+1} = \square$

6. 27을 2 : 7로 비례배분하기

$27 \times \frac{2}{2+7} = \square, 27 \times \frac{\square}{2+7} = \square$

7. 14를 2 : 5로 비례배분하기

$14 \times \frac{2}{2+5} = \square, 14 \times \frac{\square}{2+5} = \square$

8. 15를 1 : 4로 비례배분하기

$15 \times \frac{1}{1+4} = \square, 15 \times \frac{\square}{1+4} = \square$

정답 102쪽

공부한 날짜	맞힌 개수	걸린 시간
월 일	/18	분

주어진 수와 비로 비례배분하세요.

9 15를 2 : 1로 비례배분하기

$15 \times \frac{2}{2+1} = \square$, $15 \times \frac{\square}{2+1} = \square$

10 15를 3 : 2로 비례배분하기

$15 \times \frac{3}{3+2} = \square$, $15 \times \frac{\square}{3+2} = \square$

11 9를 1 : 2로 비례배분하기

$9 \times \frac{1}{1+2} = \square$, $9 \times \frac{\square}{1+2} = \square$

12 63을 2 : 7로 비례배분하기

$63 \times \frac{2}{2+7} = \square$, $63 \times \frac{\square}{2+7} = \square$

13 30을 1 : 4로 비례배분하기

$30 \times \frac{1}{1+4} = \square$, $30 \times \frac{\square}{1+4} = \square$

14 28을 2 : 5로 비례배분하기

$28 \times \frac{2}{2+5} = \square$, $28 \times \frac{\square}{2+5} = \square$

15 28을 1 : 3으로 비례배분하기

$28 \times \frac{1}{1+3} = \square$, $28 \times \frac{\square}{1+3} = \square$

16 25를 3 : 2로 비례배분하기

$25 \times \frac{3}{3+2} = \square$, $25 \times \frac{\square}{3+2} = \square$

17 15를 2 : 3으로 비례배분하기

$15 \times \frac{2}{2+3} = \square$, $15 \times \frac{\square}{2+3} = \square$

18 8을 3 : 1로 비례배분하기

$8 \times \frac{3}{3+1} = \square$, $8 \times \frac{\square}{3+1} = \square$

01 원주 구하기

○ 지름이 5cm인 원주 구하기 (원주율: 3)

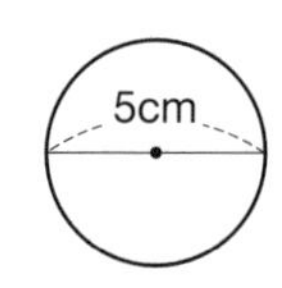

(원주) = (지름) × (원주율) = 5 × 3 = 15(cm)

원의 둘레를 원주라 하고, 원의 지름에 대한 원주의 비율을 원주율이라고 합니다.
(원주율) = (원주) ÷ (지름)

원리 비법 원의 크기와 상관없이 원주율의 값은 항상 **일정해**!

주어진 원의 원주를 구하세요. (원주율: 3)

❶ 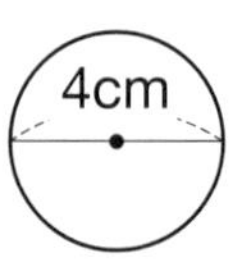

➡ 원주: ☐ cm

❷ 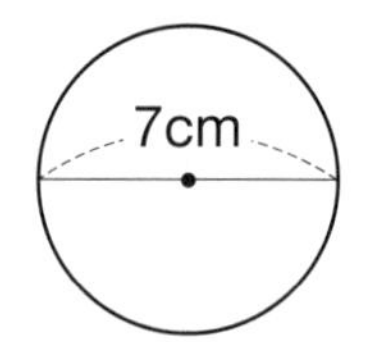

➡ 원주: ☐ cm

❸ 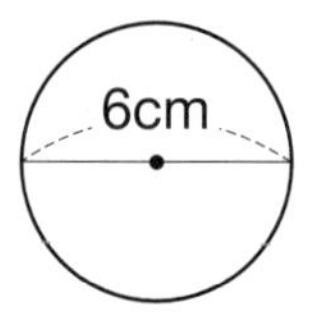

➡ 원주: ☐ cm

❹ 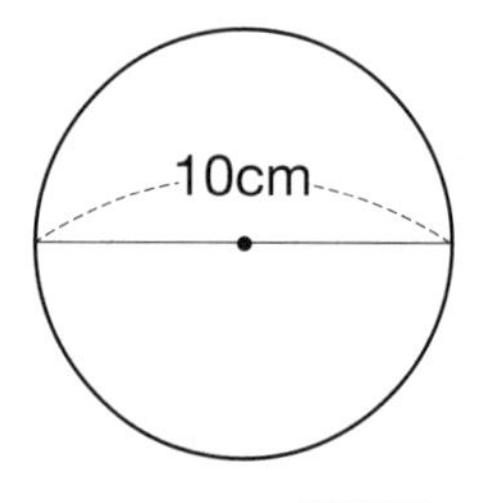

➡ 원주: ☐ cm

❺ 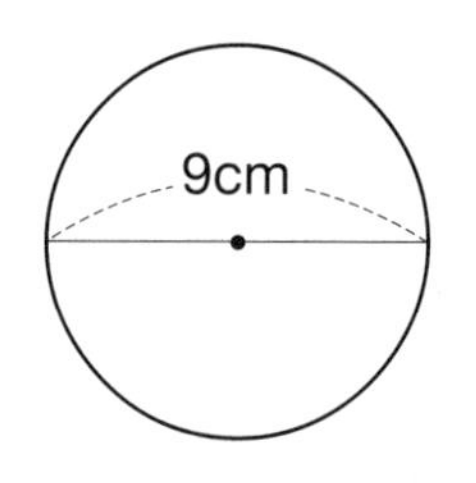

➡ 원주: ☐ cm

❻ 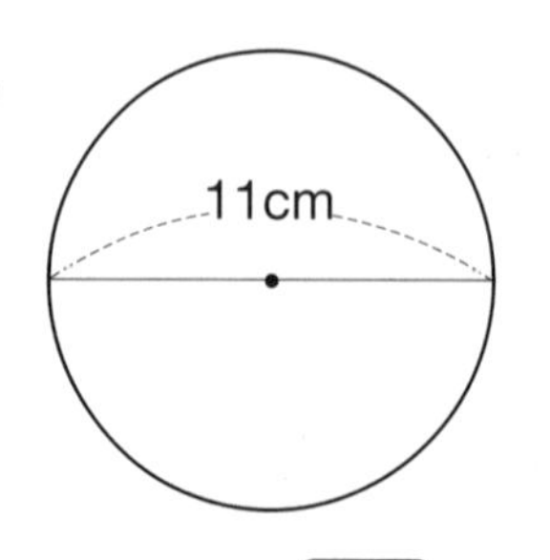

➡ 원주: ☐ cm

❼ 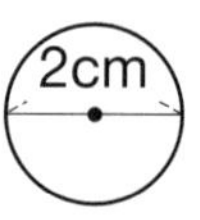

➡ 원주: ☐ cm

❽ 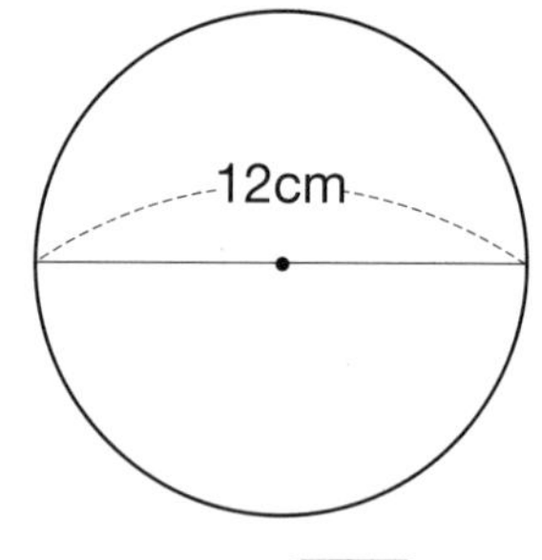

➡ 원주: ☐ cm

❾ 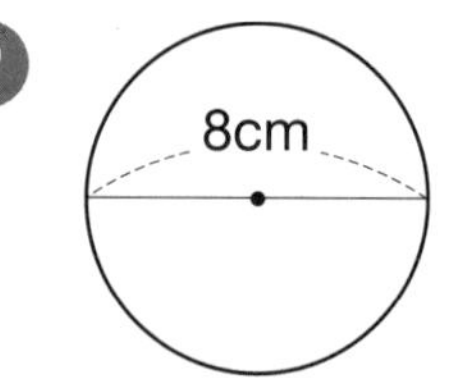

➡ 원주: ☐ cm

공부한 날짜	맞힌 개수	걸린 시간
월 일	/21	분

주어진 원의 원주를 구하세요. (원주율: 3)

⑩
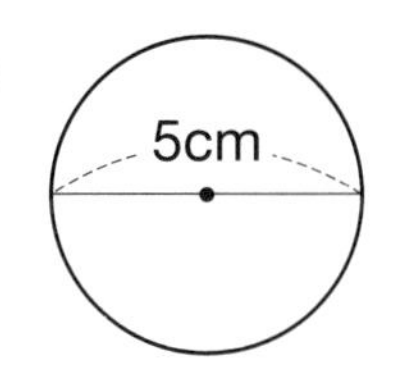

➡ 원주: ☐ cm

⑪
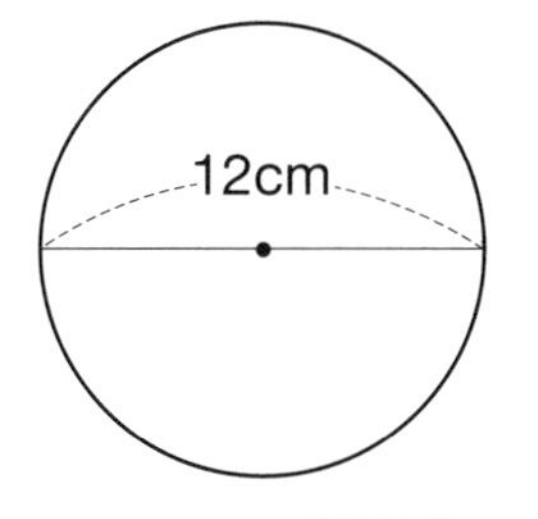

➡ 원주: ☐ cm

⑫
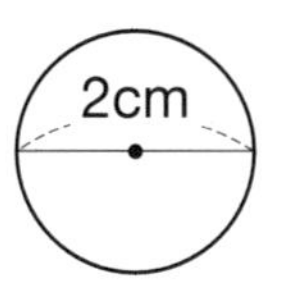

➡ 원주: ☐ cm

⑬
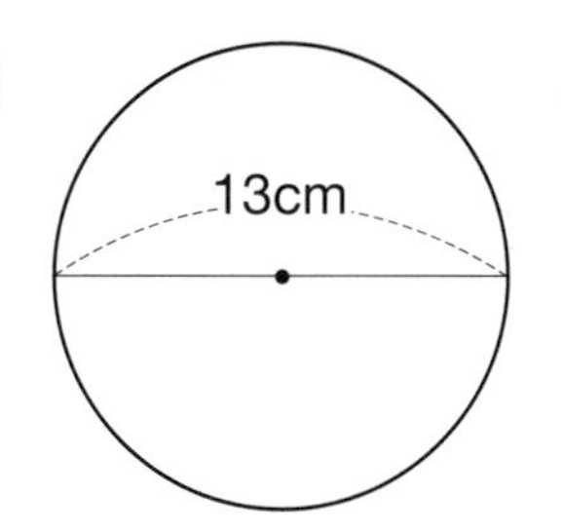

➡ 원주: ☐ cm

⑭
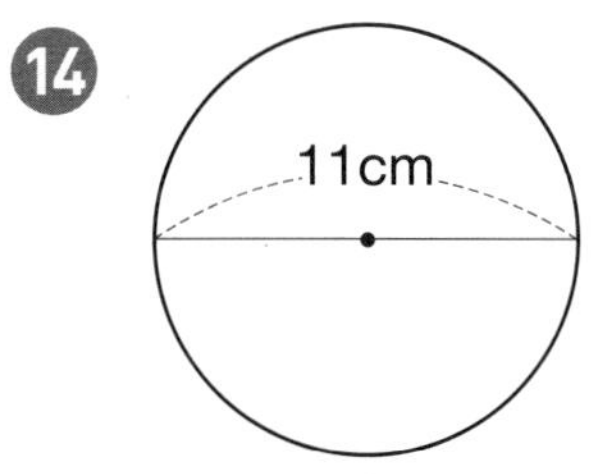

➡ 원주: ☐ cm

⑮
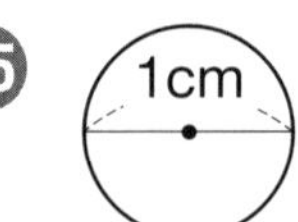

➡ 원주: ☐ cm

⑯
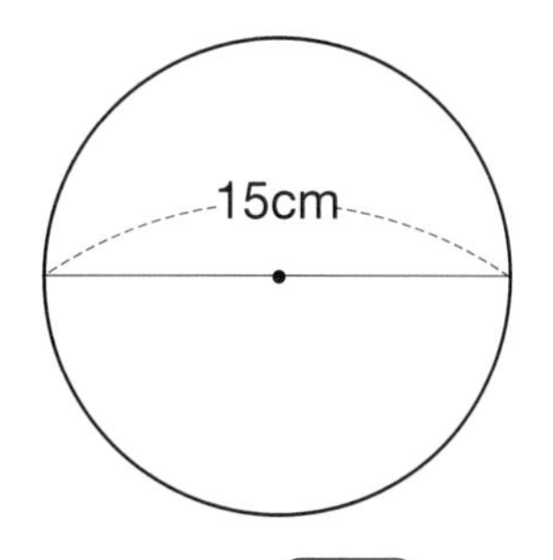

➡ 원주: ☐ cm

⑰
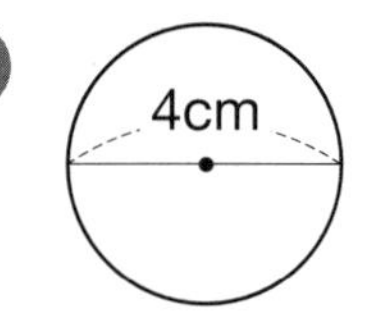

➡ 원주: ☐ cm

⑱
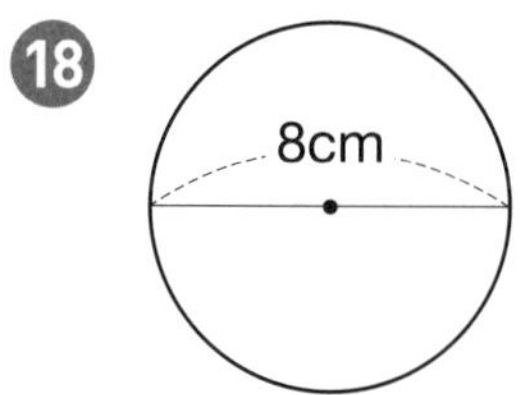

➡ 원주: ☐ cm

⑲
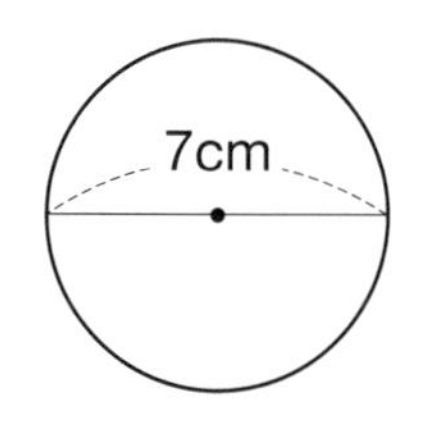

➡ 원주: ☐ cm

⑳
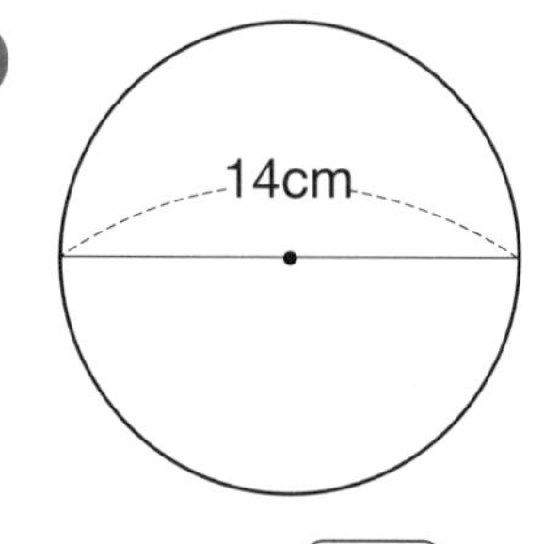

➡ 원주: ☐ cm

㉑
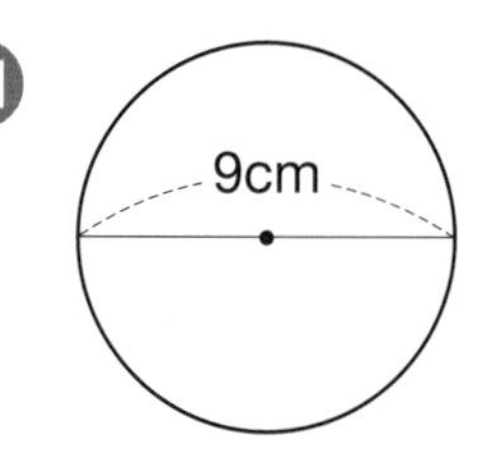

➡ 원주: ☐ cm

02 지름 또는 반지름 구하기

원주가 30cm인 원의 지름 구하기 (원주율: 3)

(지름) = (원주) ÷ (원주율)
= 30 ÷ 3 = 10(cm)

원주가 36cm인 원의 반지름 구하기 (원주율: 3)

(지름) = (원주) ÷ (원주율)
= 36 ÷ 3 = 12(cm)
(반지름) = (지름) ÷ 2
= 12 ÷ 2 = 6(cm)

원리 비법 지름을 반으로 나눈 것이 **반지름**이야!

주어진 원의 지름을 구하세요. (원주율: 3)

1. 원주: 9cm
   (　　　　) cm
2. 원주: 36cm
   (　　　　) cm
3. 원주: 24cm
   (　　　　) cm
4. 원주: 12cm
   (　　　　) cm
5. 원주: 30cm
   (　　　　) cm
6. 원주: 21cm
   (　　　　) cm
7. 원주: 45cm
   (　　　　) cm
8. 원주: 3cm
   (　　　　) cm
9. 원주: 42cm
   (　　　　) cm
10. 원주: 18cm
   (　　　　) cm
11. 원주: 15cm
   (　　　　) cm
12. 원주: 27cm
   (　　　　) cm
13. 원주: 33cm
   (　　　　) cm
14. 원주: 39cm
   (　　　　) cm
15. 원주: 48cm
   (　　　　) cm

정답 103쪽

공부한 날짜	맞힌 개수	걸린 시간
월 일	/33	분

주어진 원의 반지름을 구하세요. (원주율: 3)

⑯ 원주: 66cm

( )cm

㉒ 원주: 36cm

( )cm

㉘ 원주: 12cm

( )cm

⑰ 원주: 24cm

( )cm

㉓ 원주: 78cm

( )cm

㉙ 원주: 102cm

( )cm

⑱ 원주: 96cm

( )cm

㉔ 원주: 108cm

( )cm

㉚ 원주: 48cm

( )cm

⑲ 원주: 54cm

( )cm

㉕ 원주: 90cm

( )cm

㉛ 원주: 18cm

( )cm

⑳ 원주: 6cm

( )cm

㉖ 원주: 84cm

( )cm

㉜ 원주: 72cm

( )cm

㉑ 원주: 42cm

( )cm

㉗ 원주: 60cm

( )cm

㉝ 원주: 30cm

( )cm

03 원의 넓이 구하기

○ **반지름이 2cm인 원의 넓이 구하기 (원주율: 3)**

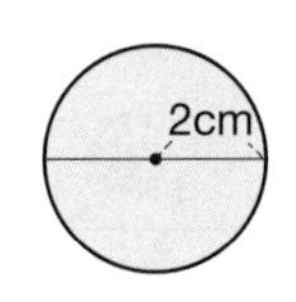

(원의 넓이) = $2 \times 2 \times 3 = 12(cm^2)$

(원의 넓이) = (반지름) × (반지름) × (원주율)

원리 비법 원주율은 정확한 수가 아닌 **근사한 값**을 사용해!

 주어진 원의 넓이를 구하세요. (원주율: 3)

❶ 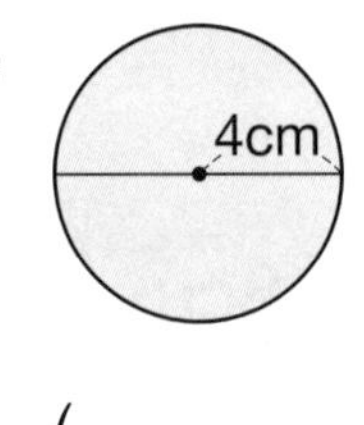

(   ) cm^2

❷ 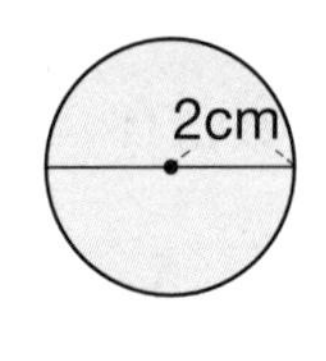

(   ) cm^2

❸ 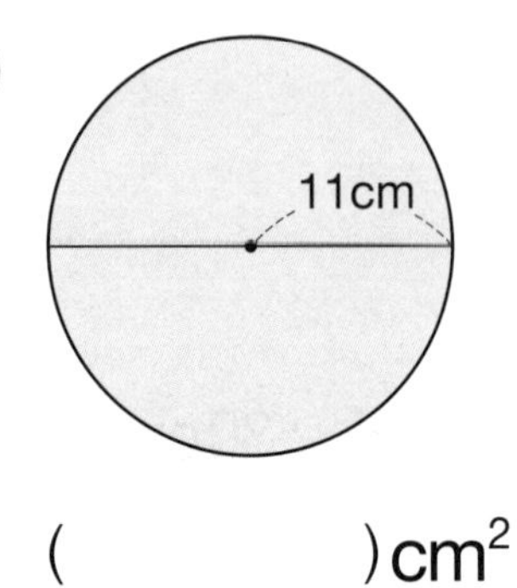

(   ) cm^2

❹ 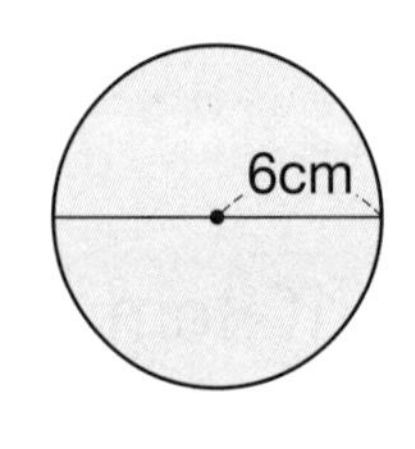

(   ) cm^2

❺ 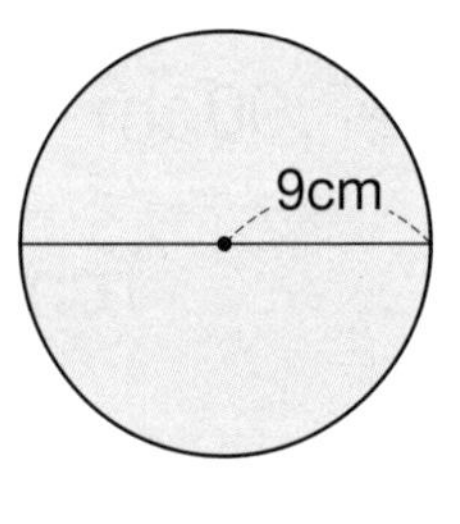

(   ) cm^2

❻ 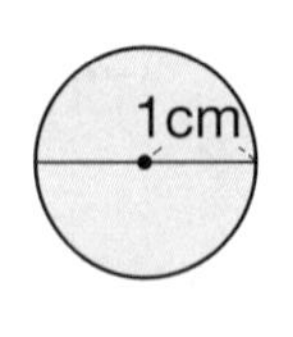

(   ) cm^2

❼ 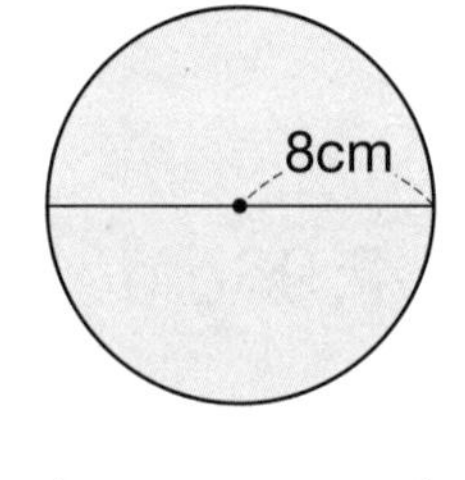

(   ) cm^2

❽ 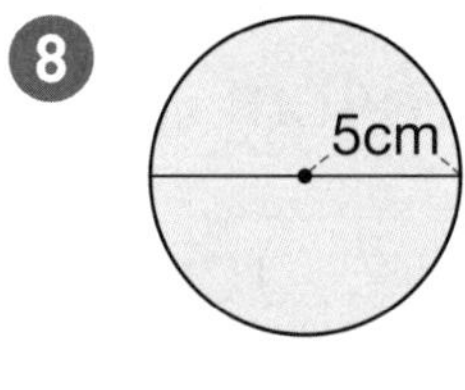

(   ) cm^2

❾ 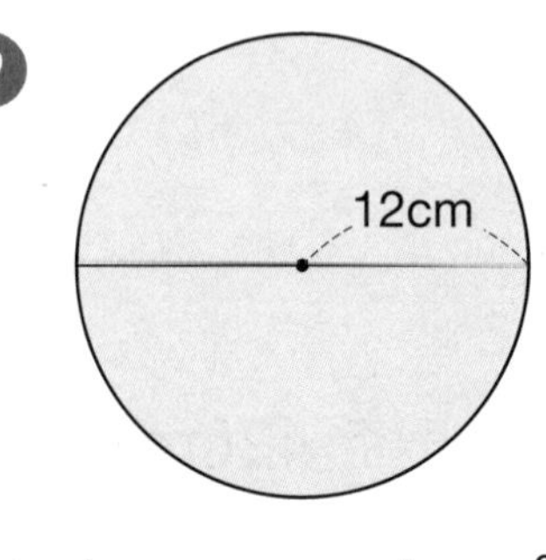

(   ) cm^2

정답 103쪽

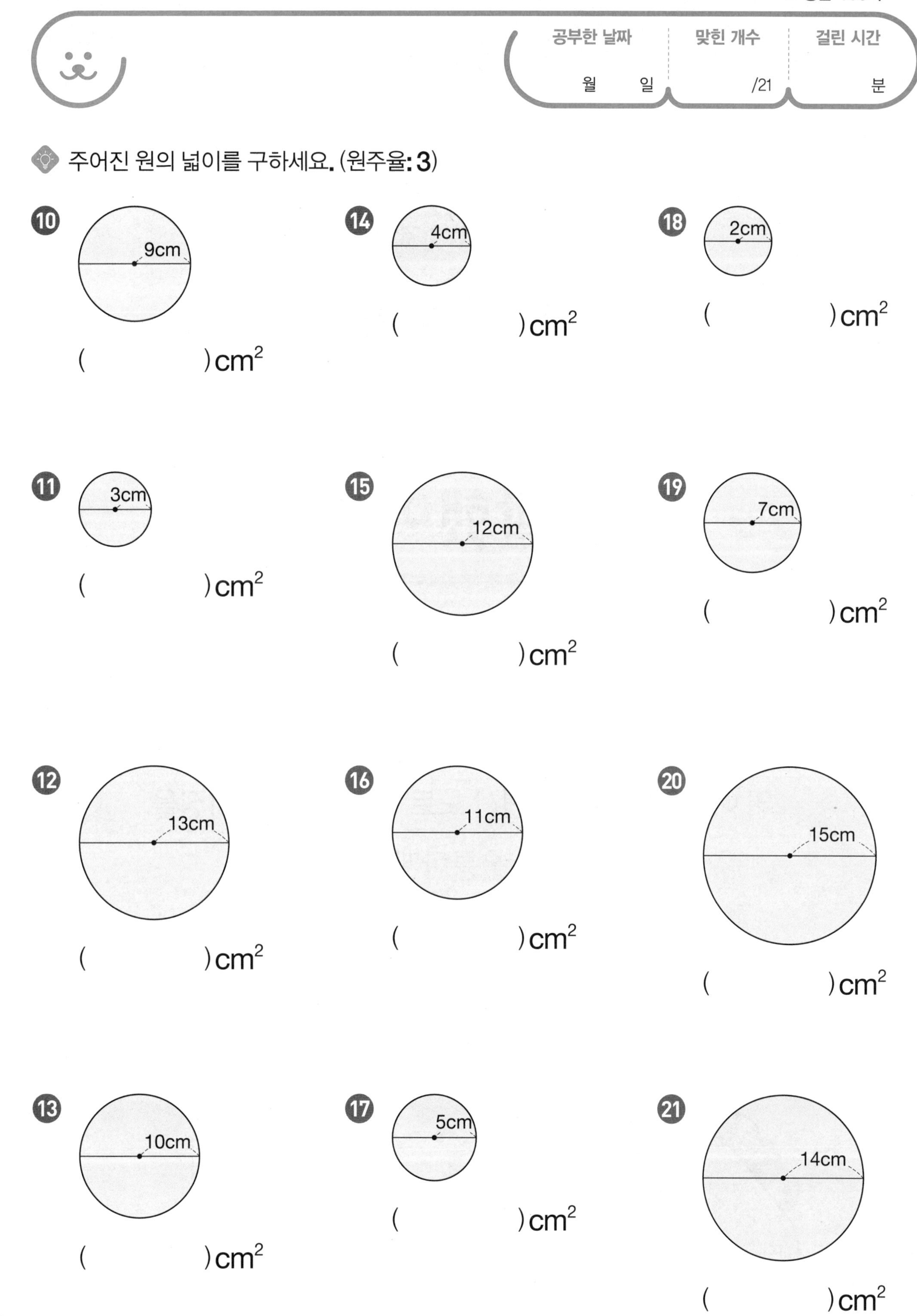

◆ 주어진 원의 넓이를 구하세요. (원주율: 3)

⑩ ( ) cm^2

⑪ ( ) cm^2

⑫ ( ) cm^2

⑬ ( ) cm^2

⑭ ( ) cm^2

⑮ ( ) cm^2

⑯ ( ) cm^2

⑰ ( ) cm^2

⑱ ( ) cm^2

⑲ ( ) cm^2

⑳ ( ) cm^2

㉑ ( ) cm^2

참 잘했어요!

이름 ____________________

위 어린이는 쌍둥이 연산 노트 6학년 2학기 과정을

스스로 꾸준히 훌륭하게 마쳤습니다.

이에 칭찬하여 이 상장을 드립니다.

년 월 일

정답

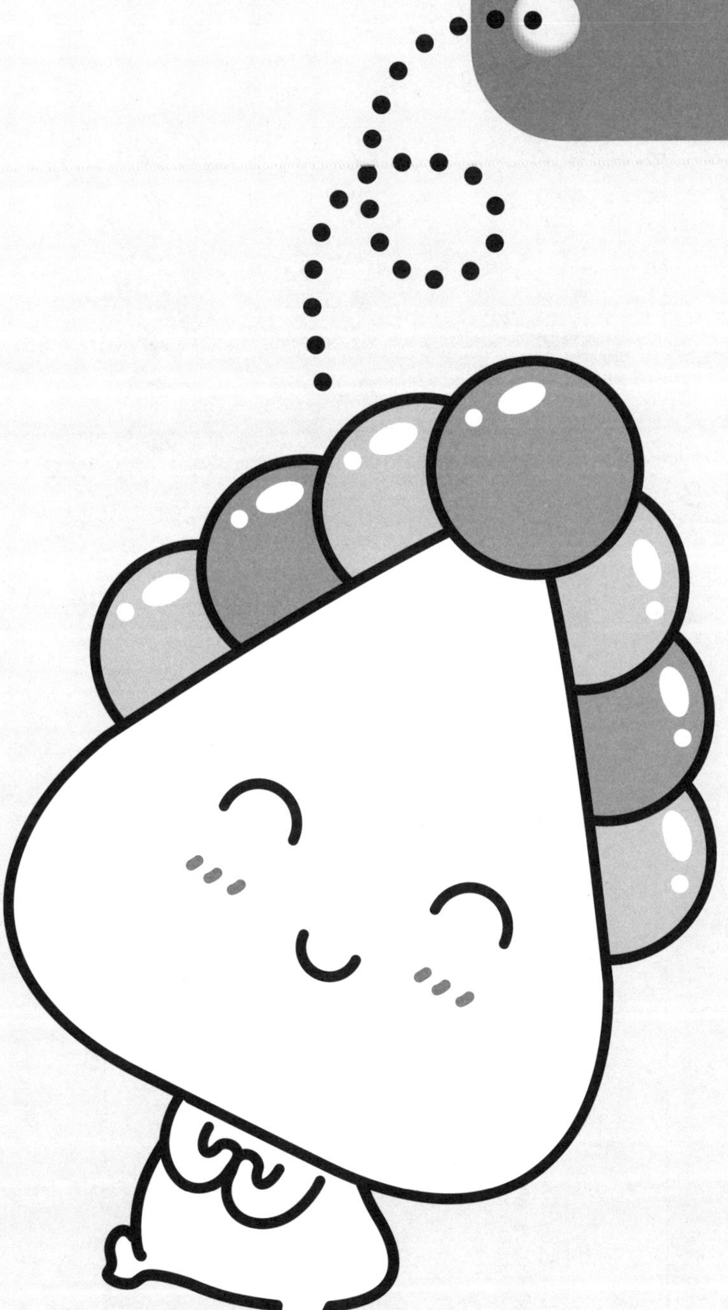

초등 12단계

6·2 예습책

6쪽 01 분모가 같은 (진분수)÷(진분수) A

❶ 6 ❷ 3 ❸ 3 ❹ 4 ❺ 3 ❻ 2 ❼ 2 ❽ 2

7쪽

⑨ 2 ⑩ 6 ⑪ 5 ⑫ 2 ⑬ 3 ⑭ 7 ⑮ 2 ⑯ 2 ⑰ 4 ⑱ 3 ⑲ 2 ⑳ 6 ㉑ 4 ㉒ 2 ㉓ 3 ㉔ 2 ㉕ 3 ㉖ 2 ㉗ 4 ㉘ 3 ㉙ 2

8쪽 02 분모가 같은 (진분수)÷(진분수) B

❶ 4, 3, $\frac{4}{3}$, $1\frac{1}{3}$
❷ 4, 3, $\frac{4}{3}$, $1\frac{1}{3}$
❸ 7, 3, $\frac{7}{3}$, $2\frac{1}{3}$
❹ 8, 5, $\frac{8}{5}$, $1\frac{3}{5}$
❺ 6, 4, $\frac{6}{4}$, $1\frac{1}{2}$
❻ 5, 3, $\frac{5}{3}$, $1\frac{2}{3}$
❼ 8, 5, $\frac{8}{5}$, $1\frac{3}{5}$
❽ 5, 2, $\frac{5}{2}$, $2\frac{1}{2}$
❾ 7, 6, $\frac{7}{6}$, $1\frac{1}{6}$
❿ 3, 2, $\frac{3}{2}$, $1\frac{1}{2}$

9쪽

⑪ $3\frac{1}{2}$ ⑫ 2 ⑬ 4 ⑭ 2 ⑮ $1\frac{1}{2}$ ⑯ 3 ⑰ $1\frac{1}{2}$ ⑱ 2 ⑲ 2 ⑳ $1\frac{1}{2}$ ㉑ $2\frac{2}{3}$ ㉒ 2 ㉓ $1\frac{3}{4}$ ㉔ $1\frac{1}{4}$ ㉕ $1\frac{1}{4}$ ㉖ $1\frac{1}{4}$ ㉗ 2 ㉘ $1\frac{1}{2}$ ㉙ $1\frac{1}{3}$ ㉚ $1\frac{2}{5}$ ㉛ $1\frac{2}{5}$

10쪽 03 분모가 다른 (진분수)÷(진분수) A

❶ $\frac{35}{40}$, 35, 7
❷ $\frac{25}{45}$, 25, 5
❸ $\frac{3}{18}$, 3, 2
❹ $\frac{8}{18}$, 8, 2
❺ $\frac{12}{15}$, 12, 4
❻ $\frac{12}{32}$, 12, 2
❼ $\frac{10}{14}$, 10, 5
❽ $\frac{12}{27}$, 12, 2
❾ $\frac{4}{18}$, 4, 2
❿ $\frac{6}{18}$, 6, 2

11쪽

⑪ 2 ⑫ 3 ⑬ 4 ⑭ 2 ⑮ 4 ⑯ 2 ⑰ 6 ⑱ 2 ⑲ 2 ⑳ 2 ㉑ 3 ㉒ 3 ㉓ 3 ㉔ 2 ㉕ 4 ㉖ 2 ㉗ 3 ㉘ 2 ㉙ 3 ㉚ 2 ㉛ 8

12쪽 04 분모가 다른 (진분수)÷(진분수) B

❶ $\frac{14}{18}$, 14, 14, $1\frac{1}{7}$
❷ $\frac{9}{12}$, 9, 9, $1\frac{2}{9}$
❸ $\frac{4}{10}$, 4, 4, $1\frac{1}{3}$
❹ $\frac{6}{16}$, 6, 6, $1\frac{5}{6}$
❺ $\frac{20}{22}$, 20, 20, $1\frac{3}{7}$
❻ $\frac{3}{6}$, 3, 3, $1\frac{1}{3}$
❼ $\frac{12}{14}$, 12, 12, $2\frac{2}{5}$
❽ $\frac{16}{18}$, 16, 16, $2\frac{2}{3}$

13쪽

⑨ $2\frac{1}{2}$ ⑩ $1\frac{1}{2}$ ⑪ $1\frac{2}{5}$ ⑫ $3\frac{1}{2}$ ⑬ $2\frac{2}{3}$ ⑭ $1\frac{1}{2}$ ⑮ $1\frac{1}{2}$ ⑯ $1\frac{1}{3}$ ⑰ $1\frac{3}{4}$ ⑱ $3\frac{1}{3}$ ⑲ $1\frac{1}{7}$ ⑳ $1\frac{1}{4}$ ㉑ $1\frac{2}{5}$ ㉒ $1\frac{1}{2}$ ㉓ $1\frac{1}{10}$ ㉔ $1\frac{1}{2}$ ㉕ $3\frac{1}{3}$ ㉖ $3\frac{1}{5}$ ㉗ $1\frac{1}{5}$ ㉘ $3\frac{1}{2}$ ㉙ $1\frac{1}{3}$

14쪽 05 (자연수)÷(진분수) A

❶ $\frac{44}{11}$, 44, 11
❷ $\frac{60}{15}$, 60, 15
❸ $\frac{114}{19}$, 114, 19
❹ $\frac{112}{16}$, 112, 16
❺ $\frac{33}{11}$, 33, $3\frac{2}{3}$
❻ $\frac{24}{8}$, 24, 8
❼ $\frac{55}{11}$, 55, 11
❽ $\frac{68}{17}$, 68, $5\frac{2}{3}$
❾ $\frac{38}{19}$, 38, $4\frac{3}{4}$
❿ $\frac{85}{17}$, 85, $8\frac{1}{2}$

15쪽

⑪ $6\frac{1}{3}$
⑫ 13
⑬ $3\frac{1}{4}$
⑭ $9\frac{1}{2}$
⑮ 18
⑯ 17
⑰ $3\frac{1}{6}$
⑱ $6\frac{1}{2}$
⑲ 13
⑳ 13
㉑ $6\frac{1}{2}$
㉒ 12
㉓ $3\frac{2}{3}$
㉔ 17
㉕ $4\frac{1}{4}$
㉖ $2\frac{1}{2}$
㉗ $3\frac{2}{5}$
㉘ 7
㉙ $3\frac{2}{5}$
㉚ 7
㉛ 16

16쪽 06 (자연수)÷(진분수) B

❶ 2, 17, 17
❷ 12, 13, $6\frac{1}{2}$
❸ 9, 14, $4\frac{2}{3}$
❹ 7, 18, 18
❺ 5, 12, 12
❻ 4, 5, 5
❼ 3, 5, 5
❽ 12, 19, $6\frac{1}{3}$
❾ 8, 11, $2\frac{3}{4}$
❿ 16, 19, $9\frac{1}{2}$

17쪽

⑪ $7\frac{1}{2}$
⑫ $6\frac{1}{3}$
⑬ $5\frac{1}{2}$
⑭ $5\frac{1}{2}$
⑮ 19
⑯ $2\frac{3}{8}$
⑰ $2\frac{1}{4}$
⑱ 11
⑲ $4\frac{1}{2}$
⑳ $8\frac{1}{2}$
㉑ 3
㉒ $3\frac{1}{3}$
㉓ $3\frac{2}{3}$
㉔ $6\frac{1}{3}$
㉕ $4\frac{1}{4}$
㉖ $2\frac{1}{6}$
㉗ $3\frac{1}{5}$
㉘ 19
㉙ 10
㉚ 10
㉛ $4\frac{1}{3}$

18쪽 07 (자연수)÷(가분수) A

❶ $\frac{30}{10}$, 30, 2
❷ $\frac{21}{3}$, 21, 3
❸ $\frac{10}{5}$, 10, $1\frac{1}{4}$
❹ $\frac{35}{7}$, 35, $3\frac{1}{2}$
❺ $\frac{35}{5}$, 35, 5
❻ $\frac{15}{3}$, 15, $1\frac{1}{2}$
❼ $\frac{28}{7}$, 28, $2\frac{1}{3}$
❽ $\frac{42}{7}$, 42, $3\frac{1}{2}$
❾ $\frac{88}{11}$, 88, $5\frac{1}{2}$
❿ $\frac{21}{7}$, 21, $1\frac{3}{4}$

19쪽

⑪ $4\frac{1}{3}$
⑫ $1\frac{1}{2}$
⑬ $\frac{5}{6}$
⑭ $2\frac{3}{4}$
⑮ $1\frac{1}{2}$
⑯ $2\frac{1}{3}$
⑰ $\frac{3}{5}$
⑱ $1\frac{1}{3}$
⑲ $1\frac{4}{5}$
⑳ $1\frac{1}{4}$
㉑ $4\frac{1}{3}$
㉒ $\frac{4}{5}$
㉓ $2\frac{3}{5}$
㉔ $5\frac{2}{3}$
㉕ $5\frac{1}{2}$
㉖ $2\frac{2}{3}$
㉗ $1\frac{1}{2}$
㉘ 3
㉙ $7\frac{1}{2}$
㉚ $2\frac{1}{6}$
㉛ $\frac{2}{3}$

20쪽 08 (자연수)÷(가분수) B

❶ 16, 3, $\frac{3}{4}$
❷ 7, 6, 6
❸ 8, 3, $\frac{3}{4}$
❹ 5, 4, 4
❺ 9, 7, $2\frac{1}{3}$
❻ 15, 7, $1\frac{2}{5}$
❼ 15, 7, $2\frac{1}{3}$
❽ 18, 5, $1\frac{2}{3}$
❾ 15, 14, $2\frac{4}{5}$
❿ 16, 9, $4\frac{1}{2}$

21쪽

⑪ $2\frac{1}{5}$
⑫ 3
⑬ $2\frac{1}{4}$
⑭ 1
⑮ 3
⑯ 2
⑰ $3\frac{3}{4}$
⑱ 4
⑲ $3\frac{3}{5}$
⑳ $\frac{2}{5}$
㉑ $3\frac{2}{3}$
㉒ 5
㉓ $2\frac{5}{6}$
㉔ $1\frac{1}{4}$
㉕ $1\frac{2}{3}$
㉖ $2\frac{1}{2}$
㉗ $2\frac{1}{2}$
㉘ $2\frac{1}{2}$
㉙ $\frac{2}{3}$
㉚ $4\frac{2}{3}$
㉛ $4\frac{1}{2}$

22쪽 09 (진분수)÷(대분수) A

① 8, 5, 16, 5, 16, $\frac{5}{16}$

② 7, 2, 7, 2, 7, $\frac{2}{7}$

③ 11, 35, 66, 35, 66, $\frac{35}{66}$

④ 13, 5, 52, 5, 52, $\frac{5}{52}$

⑤ 7, 12, 35, 12, 35, $\frac{12}{35}$

⑥ 4, 9, 28, 9, 28, $\frac{9}{28}$

⑦ 10, 7, 80, 7, 80, $\frac{7}{80}$

⑧ 11, 3, 11, 3, 11, $\frac{3}{11}$

23쪽

⑨ $\frac{4}{33}$

⑩ $\frac{2}{9}$

⑪ $\frac{8}{35}$

⑫ $\frac{4}{9}$

⑬ $\frac{15}{28}$

⑭ $\frac{25}{98}$

⑮ $\frac{8}{27}$

⑯ $\frac{16}{33}$

⑰ $\frac{3}{20}$

⑱ $\frac{4}{7}$

⑲ $\frac{16}{35}$

⑳ $\frac{15}{26}$

㉑ $\frac{9}{26}$

㉒ $\frac{25}{56}$

㉓ $\frac{7}{20}$

㉔ $\frac{2}{15}$

㉕ $\frac{3}{20}$

㉖ $\frac{8}{63}$

㉗ $\frac{14}{65}$

㉘ $\frac{16}{35}$

㉙ $\frac{2}{11}$

24쪽 10 (진분수)÷(대분수) B

① 9, $\frac{7}{9}$, $\frac{49}{81}$

② 11, $\frac{8}{11}$, $\frac{32}{77}$

③ 14, $\frac{9}{14}$, $\frac{3}{28}$

④ 17, $\frac{6}{17}$, $\frac{3}{34}$

⑤ 8, $\frac{5}{8}$, $\frac{15}{64}$

⑥ 11, $\frac{5}{11}$, $\frac{5}{77}$

⑦ 7, $\frac{5}{7}$, $\frac{5}{21}$

⑧ 11, $\frac{6}{11}$, $\frac{15}{44}$

25쪽

⑨ $\frac{3}{4}$

⑩ $\frac{1}{15}$

⑪ $\frac{4}{13}$

⑫ $\frac{10}{39}$

⑬ $\frac{7}{95}$

⑭ $\frac{1}{6}$

⑮ $\frac{1}{12}$

⑯ $\frac{1}{6}$

⑰ $\frac{2}{7}$

⑱ $\frac{15}{56}$

⑲ $\frac{12}{65}$

⑳ $\frac{35}{81}$

㉑ $\frac{2}{3}$

㉒ $\frac{2}{3}$

㉓ $\frac{5}{64}$

㉔ $\frac{9}{32}$

㉕ $\frac{7}{20}$

㉖ $\frac{25}{44}$

㉗ $\frac{4}{63}$

㉘ $\frac{5}{8}$

㉙ $\frac{24}{35}$

26쪽 11 (대분수)÷(진분수) A

① 9, 45, 24, 45, 24, $\frac{45}{24}$, $1\frac{7}{8}$

② 9, 18, 5, 18, 5, $\frac{18}{5}$, $3\frac{3}{5}$

③ 11, 33, 4, 33, 4, $\frac{33}{4}$, $8\frac{1}{4}$

④ 17, 17, 6, 17, 6, $\frac{17}{6}$, $2\frac{5}{6}$

⑤ 11, 77, 18, 77, 18, $\frac{77}{18}$, $4\frac{5}{18}$

⑥ 5, 10, 3, 10, 3, $\frac{10}{3}$, $3\frac{1}{3}$

27쪽

⑦ $2\frac{6}{7}$

⑧ $6\frac{5}{12}$

⑨ $3\frac{2}{3}$

⑩ $1\frac{13}{15}$

⑪ $2\frac{1}{27}$

⑫ $2\frac{1}{10}$

⑬ $2\frac{1}{2}$

⑭ $1\frac{11}{16}$

⑮ $3\frac{5}{6}$

⑯ $3\frac{3}{5}$

⑰ 4

⑱ $3\frac{4}{7}$

⑲ $5\frac{5}{8}$

⑳ $1\frac{1}{3}$

㉑ $1\frac{3}{7}$

㉒ $2\frac{4}{5}$

㉓ $4\frac{1}{2}$

㉔ $5\frac{4}{9}$

㉕ $5\frac{2}{5}$

㉖ $2\frac{2}{7}$

㉗ $8\frac{2}{5}$

28쪽 12 (대분수)÷(진분수) B

① 5, $\frac{5}{4}$, $\frac{6}{5}$, $\frac{3}{2}$, $1\frac{1}{2}$

② 3, $\frac{3}{2}$, $\frac{7}{5}$, $\frac{21}{10}$, $2\frac{1}{10}$

③ 7, $\frac{7}{4}$, $\frac{4}{3}$, $\frac{7}{3}$, $2\frac{1}{3}$

④ 14, $\frac{14}{5}$, $\frac{7}{6}$, $\frac{49}{15}$, $3\frac{4}{15}$

⑤ 15, $\frac{15}{8}$, $\frac{7}{3}$, $\frac{35}{8}$, $4\frac{3}{8}$

⑥ 11, $\frac{11}{6}$, $\frac{5}{3}$, $\frac{55}{18}$, $3\frac{1}{18}$

⑦ 7, $\frac{7}{4}$, $\frac{2}{1}$, $\frac{7}{2}$, $3\frac{1}{2}$

⑧ 7, $\frac{7}{6}$, $\frac{9}{2}$, $\frac{21}{4}$, $5\frac{1}{4}$

29쪽

⑨ $5\frac{2}{3}$

⑩ $8\frac{3}{4}$

⑪ $1\frac{5}{9}$

⑫ $9\frac{1}{3}$

⑬ $2\frac{6}{7}$

⑭ $11\frac{1}{4}$

⑮ $3\frac{3}{7}$

⑯ $1\frac{4}{5}$

⑰ $4\frac{2}{3}$

⑱ $8\frac{1}{2}$

⑲ $2\frac{1}{2}$

⑳ $4\frac{2}{3}$

㉑ $6\frac{3}{10}$

㉒ $10\frac{1}{2}$

㉓ $7\frac{1}{7}$

㉔ $4\frac{5}{7}$

㉕ $3\frac{1}{2}$

㉖ $6\frac{2}{5}$

㉗ $3\frac{3}{7}$

㉘ 24

㉙ $2\frac{7}{9}$

30쪽 13 (대분수)÷(대분수) A

❶ 15, 7, 15, 14, $\frac{15}{14}$, $1\frac{1}{14}$

❷ 11, 8, 77, 48, $\frac{77}{48}$, $1\frac{29}{48}$

❸ 5, 6, 25, 12, $\frac{25}{12}$, $2\frac{1}{12}$

❹ 9, 6, 45, 48, $\frac{15}{16}$

❺ 6, 18, 42, 90, $\frac{7}{15}$

❻ 15, 5, 15, 20, $\frac{3}{4}$

❼ 5, 19, 20, 19, $\frac{20}{19}$, $1\frac{1}{19}$

❽ 8, 9, 64, 63, $\frac{64}{63}$, $1\frac{1}{63}$

31쪽

⑨ $1\frac{3}{32}$

⑩ $1\frac{17}{18}$

⑪ $2\frac{4}{17}$

⑫ $\frac{32}{35}$

⑬ $1\frac{1}{6}$

⑭ $\frac{27}{40}$

⑮ $\frac{16}{17}$

⑯ $1\frac{5}{9}$

⑰ $\frac{39}{44}$

⑱ $1\frac{1}{3}$

⑲ $\frac{3}{4}$

⑳ $\frac{7}{16}$

㉑ $\frac{40}{63}$

㉒ $1\frac{5}{7}$

㉓ $\frac{15}{28}$

㉔ $1\frac{1}{6}$

㉕ $\frac{7}{10}$

㉖ $1\frac{1}{13}$

㉗ $1\frac{1}{21}$

㉘ $1\frac{2}{5}$

㉙ $\frac{15}{22}$

32쪽 14 (대분수)÷(대분수) B

❶ 14, 7, $\frac{14}{9}$, $\frac{4}{7}$, $\frac{8}{9}$

❷ 11, 22, $\frac{11}{7}$, $\frac{9}{22}$, $\frac{9}{14}$

❸ 9, 9, $\frac{9}{5}$, $\frac{7}{9}$, $\frac{7}{5}$, $1\frac{2}{5}$

❹ 11, 11, $\frac{11}{4}$, $\frac{6}{11}$, $\frac{3}{2}$, $1\frac{1}{2}$

❺ 3, 7, $\frac{3}{2}$, $\frac{6}{7}$, $\frac{9}{7}$, $1\frac{2}{7}$

❻ 20, 8, $\frac{20}{9}$, $\frac{5}{8}$, $\frac{25}{18}$, $1\frac{7}{18}$

❼ 8, 10, $\frac{8}{7}$, $\frac{9}{10}$, $\frac{36}{35}$, $1\frac{1}{35}$

❽ 9, 9, $\frac{9}{4}$, $\frac{7}{9}$, $\frac{7}{4}$, $1\frac{3}{4}$

33쪽

⑨ $\frac{7}{10}$

⑩ $2\frac{1}{28}$

⑪ $1\frac{1}{8}$

⑫ $1\frac{7}{48}$

⑬ $1\frac{2}{3}$

⑭ $\frac{40}{63}$

⑮ $1\frac{5}{11}$

⑯ $\frac{25}{27}$

⑰ $1\frac{7}{15}$

⑱ $1\frac{1}{5}$

⑲ $\frac{5}{9}$

⑳ $\frac{20}{21}$

㉑ $\frac{10}{21}$

㉒ $\frac{20}{21}$

㉓ $\frac{10}{13}$

㉔ $1\frac{3}{13}$

㉕ $\frac{20}{27}$

㉖ $2\frac{1}{45}$

㉗ $\frac{13}{20}$

㉘ $1\frac{4}{5}$

㉙ $\frac{5}{6}$

34쪽 01 (소수 한 자리 수)÷(소수 한 자리 수) A

❶ 772, 2, 386
❷ 993, 3, 331
❸ 888, 4, 222
❹ 492, 2, 246
❺ 698, 2, 349
❻ 406, 2, 203
❼ 962, 2, 481
❽ 858, 2, 429

35쪽

❾ 307
❿ 338
⓫ 378
⓬ 213
⓭ 457
⓮ 442
⓯ 279
⓰ 404
⓱ 264
⓲ 463
⓳ 467
⓴ 288
㉑ 324
㉒ 364
㉓ 237
㉔ 413
㉕ 297
㉖ 319
㉗ 359
㉘ 408
㉙ 227

36쪽 02 (소수 한 자리 수)÷(소수 한 자리 수) B

❶ 618, 2, 618, 2, 309
❷ 831, 3, 831, 3, 277
❸ 736, 2, 736, 2, 368
❹ 932, 2, 932, 2, 466
❺ 672, 3, 672, 3, 224
❻ 438, 2, 438, 2, 219
❼ 896, 2, 896, 2, 448
❽ 694, 2, 694, 2, 347
❾ 486, 2, 486, 2, 243
❿ 846, 2, 846, 2, 423

37쪽

⓫ 322
⓬ 236
⓭ 494
⓮ 242
⓯ 333
⓰ 255
⓱ 407
⓲ 226
⓳ 201
⓴ 352
㉑ 233
㉒ 286
㉓ 384
㉔ 202
㉕ 427
㉖ 337
㉗ 216
㉘ 258
㉙ 479
㉚ 295
㉛ 304

38쪽 03 (소수 한 자리 수)÷(소수 한 자리 수) C

❶ 3, 0, 3
❷ 2, 0, 4
❸ 4, 8, 2
❹ 2, 4, 1
❺ 3, 7, 9
❻ 2, 9, 1
❼ 4, 2, 6
❽ 3, 5, 6
❾ 4, 5, 6
❿ 2, 6, 3

39쪽

⓫ 383
⓬ 462
⓭ 294
⓮ 369
⓯ 207
⓰ 401
⓱ 363
⓲ 399
⓳ 308
⓴ 336
㉑ 351
㉒ 257
㉓ 234
㉔ 296
㉕ 332
㉖ 432
㉗ 346
㉘ 398

40쪽 04 (소수 두 자리 수)÷(소수 두 자리 수) A

❶ 864, 24, 36
❷ 936, 39, 24
❸ 528, 48, 11
❹ 437, 19, 23
❺ 272, 17, 16
❻ 888, 12, 74
❼ 816, 34, 24
❽ 552, 46, 12

41쪽

❾ 23
❿ 12
⓫ 22
⓬ 17
⓭ 38
⓮ 14
⓯ 19
⓰ 69
⓱ 83
⓲ 25
⓳ 13
⓴ 16
㉑ 29
㉒ 59
㉓ 33
㉔ 16
㉕ 47
㉖ 41
㉗ 11
㉘ 26
㉙ 31

42쪽 05 (소수 두 자리 수)÷(소수 두 자리 수) B

❶ 979, 11, 979, 11, 89
❷ 799, 47, 799, 47, 17
❸ 777, 37, 777, 37, 21
❹ 378, 27, 378, 27, 14
❺ 306, 17, 306, 17, 18
❻ 864, 36, 864, 36, 24
❼ 888, 24, 888, 24, 37
❽ 871, 13, 871, 13, 67
❾ 518, 37, 518, 37, 14
❿ 675, 27, 675, 27, 25

43쪽

⓫ 15
⓬ 34
⓭ 77
⓮ 34
⓯ 18
⓰ 78
⓱ 23
⓲ 39
⓳ 19
⓴ 11
㉑ 22
㉒ 48
㉓ 13
㉔ 27
㉕ 11
㉖ 59
㉗ 21
㉘ 11
㉙ 11
㉚ 14
㉛ 82

44쪽 06 (소수 두 자리 수)÷(소수 두 자리 수) C

❶ 1, 1
❷ 8, 6
❸ 1, 1
❹ 3, 2
❺ 2, 1
❻ 1, 2
❼ 1, 2
❽ 4, 2

45쪽

❾ 73
❿ 28
⓫ 26
⓬ 84
⓭ 16
⓮ 68
⓯ 15
⓰ 61
⓱ 14
⓲ 28
⓳ 26
⓴ 15
㉑ 19
㉒ 15
㉓ 13

46쪽 07 (소수 두 자리 수)÷(소수 한 자리 수) A

❶ 93.6, 39, 2.4
❷ 91.2, 12, 7.6
❸ 87.4, 46, 1.9
❹ 67.5, 27, 2.5
❺ 88.8, 24, 3.7
❻ 91.2, 48, 1.9
❼ 74.8, 34, 2.2
❽ 86.4, 18, 4.8

47쪽

❾ 1.1
❿ 1.3
⓫ 2.5
⓬ 1.6
⓭ 1.1
⓮ 3.3
⓯ 1.4
⓰ 8.4
⓱ 5.5
⓲ 2.1
⓳ 1.4
⓴ 1.7
㉑ 2.1
㉒ 4.2
㉓ 3.3
㉔ 1.6
㉕ 1.4
㉖ 1.7
㉗ 2.4
㉘ 2.6
㉙ 1.2

48쪽 08 (소수 두 자리 수)÷(소수 한 자리 수) B

❶ 2, 8
❷ 8, 9
❸ 1, 2
❹ 1, 8
❺ 2, 1
❻ 1, 1
❼ 1, 7
❽ 3, 1

49쪽

❾ 1.3
❿ 2.2
⓫ 1.1
⓬ 5.1
⓭ 2.2
⓮ 1.5
⓯ 1.2
⓰ 7.8
⓱ 1.4
⓲ 1.3
⓳ 1.2
⓴ 2.5
㉑ 1.1
㉒ 1.7
㉓ 6.9

50쪽 09 (소수 두 자리 수)÷(소수 한 자리 수) C

1. 2.3
2. 1.3
3. 1.3
4. 1.1
5. 1.6
6. 4.6
7. 1.9
8. 7.7
9. 8.5
10. 1.8
11. 2.4
12. 2.8

51쪽

13. 2.8
14. 2.3
15. 3.6
16. 1.1
17. 2.1
18. 3.6
19. 1.7
20. 7.4
21. 2.8
22. 1.9
23. 1.3
24. 2.4
25. 1.3
26. 2.3
27. 3.4

52쪽 10 (자연수)÷(소수 한 자리 수) A

1. 470, 94, 5
2. 210, 35, 6
3. 170, 85, 2
4. 600, 75, 8
5. 50, 25, 2
6. 220, 44, 5
7. 230, 46, 5
8. 290, 58, 5

53쪽

9. 5
10. 4
11. 8
12. 5
13. 5
14. 8
15. 4
16. 5
17. 5
18. 6
19. 6
20. 5
21. 5
22. 5
23. 5
24. 2
25. 8
26. 5
27. 4
28. 2
29. 5

54쪽 11 (자연수)÷(소수 한 자리 수) B

1. 300, 75, 300, 75, 4
2. 200, 25, 200, 25, 8
3. 180, 36, 180, 36, 5
4. 290, 58, 290, 58, 5
5. 440, 88, 440, 88, 5
6. 340, 85, 340, 85, 4
7. 570, 95, 570, 95, 6
8. 70, 35, 70, 35, 2
9. 360, 45, 360, 45, 8
10. 260, 52, 260, 52, 5

55쪽

11. 5
12. 5
13. 2
14. 2
15. 5
16. 6
17. 6
18. 2
19. 5
20. 8
21. 5
22. 5
23. 5
24. 6
25. 5
26. 5
27. 5
28. 5
29. 4
30. 8
31. 5

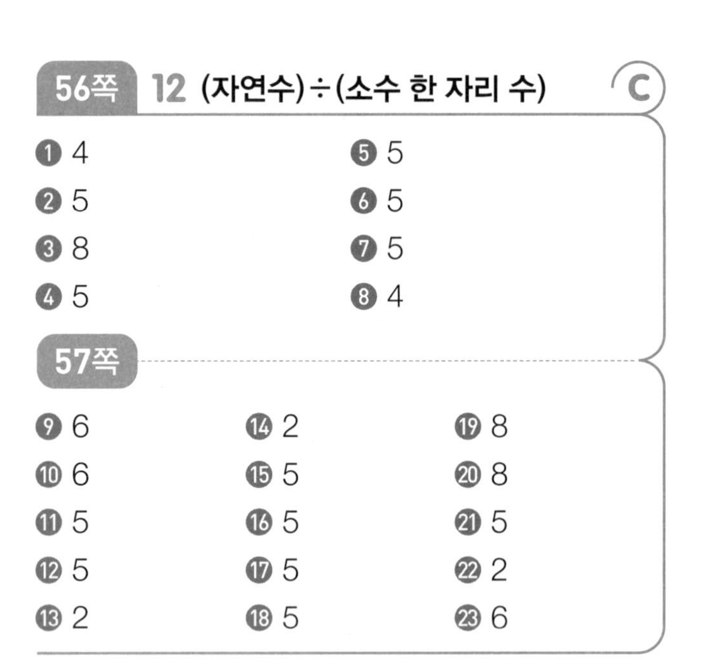

56쪽 12 (자연수)÷(소수 한 자리 수) C

1. 4
2. 5
3. 8
4. 5
5. 5
6. 5
7. 5
8. 4

57쪽

9. 6
10. 6
11. 5
12. 5
13. 2
14. 2
15. 5
16. 5
17. 5
18. 5
19. 8
20. 8
21. 5
22. 2
23. 6

58쪽 13 (자연수)÷(소수 두 자리 수) A

❶ 10800, 216, 50
❷ 14200, 284, 50
❸ 3700, 185, 20
❹ 12100, 242, 50
❺ 5000, 125, 40
❻ 2900, 145, 20
❼ 18900, 315, 60
❽ 8300, 166, 50

59쪽

❾ 40
❿ 60
⓫ 20
⓬ 20
⓭ 50
⓮ 50
⓯ 50
⓰ 40
⓱ 80
⓲ 50
⓳ 20
⓴ 60
㉑ 50
㉒ 50
㉓ 50
㉔ 40
㉕ 20
㉖ 50
㉗ 50
㉘ 50
㉙ 40

60쪽 14 (자연수)÷(소수 두 자리 수) B

❶ 5, 0
❷ 5, 0
❸ 5, 0
❹ 5, 0
❺ 6, 0
❻ 2, 0
❼ 5, 0
❽ 5, 0

61쪽

❾ 40
❿ 20
⓫ 50
⓬ 50
⓭ 50
⓮ 80
⓯ 50
⓰ 20
⓱ 20
⓲ 20
⓳ 60
⓴ 60
㉑ 50
㉒ 60
㉓ 20

62쪽 15 (자연수)÷(소수 두 자리 수) C

❶ 50
❷ 50
❸ 50
❹ 50
❺ 50
❻ 50
❼ 50
❽ 50
❾ 60
❿ 50
⓫ 50
⓬ 50

63쪽

⓭ 80
⓮ 50
⓯ 80
⓰ 50
⓱ 20
⓲ 20
⓳ 50
⓴ 50
㉑ 50
㉒ 80
㉓ 80
㉔ 80
㉕ 60
㉖ 50
㉗ 80

64쪽 16 몫을 자연수 부분까지 구하기 A

❶ 5, 3, 1, 5, 1, 0, 9, 1 / 5
❷ 2, 1, 1, 4, 1, 0, 7, 3 / 2
❸ 1, 7, 8, 6, 0, 5, 6, 4 / 2
❹ 5, 5, 3, 5, 4, 0, 3, 5, 5 / 6
❺ 2, 3, 1, 2, 2, 0, 1, 8, 2 / 2
❻ 1, 7, 9, 7, 0, 6, 3, 7 / 2

65쪽

❼ 8, 1, 5, 6, 1, 0, 7, 3
❽ 3, 3, 1, 8, 2, 0, 1, 8, 2
❾ 4, 4, 2, 8, 3, 0, 2, 8, 2
❿ 8, 5, 7, 2, 5, 0, 4, 5, 5
⓫ 3, 8, 2, 7, 8, 0, 7, 2, 8
⓬ 6, 6, 1, 8, 2, 0, 1, 8, 2
⓭ 8, 1, 6, 4, 1, 0, 8, 2
⓮ 7, 8, 4, 2, 5, 0, 4, 8, 2
⓯ 4, 3, 1, 2, 1, 0, 9, 1
⓰ 3, 2, 2, 4, 2, 0, 1, 6, 4
⓱ 4, 5, 3, 6, 5, 0, 4, 5, 5
⓲ 3, 5, 2, 1, 4, 0, 3, 5, 5

66쪽 17 몫을 자연수 부분까지 구하기 B

❶ 6	❺ 10	❾ 7
❷ 3	❻ 7	❿ 8
❸ 3	❼ 5	⓫ 5
❹ 5	❽ 7	⓬ 4

67쪽

⓭ 4	⓲ 7	㉓ 4
⓮ 8	⓳ 4	㉔ 5
⓯ 9	⓴ 6	㉕ 9
⓰ 8	㉑ 2	㉖ 2
⓱ 6	㉒ 4	㉗ 2

68쪽 18 몫을 반올림하여 나타내기 A

❶ 1, 7, 1, 4, 7, 5, 0, 4, 9, 1, 0, 7, 3, 0, 2, 8, 2 / 1, 7, 1, 7, 1

❷ 7, 3, 3, 3, 2, 1, 1, 0, 9, 1, 0, 9, 1, 0, 9, 1 / 7, 3, 7, 3, 3

69쪽

❸ 8, 5, 7, 1, 5, 6, 4, 0, 3, 5, 5, 0, 4, 9, 1, 0, 7, 3 / 8, 6, 8, 5, 7

❹ 5, 2, 8, 5, 3, 5, 2, 0, 1, 4, 6, 0, 5, 6, 4, 0, 3, 5, 5 / 5, 3, 5, 2, 9

❺ 8, 6, 6, 6, 2, 4, 2, 0, 1, 8, 2, 0, 1, 8, 2, 0, 1, 8, 2 / 8, 7, 8, 6, 7

❻ 6, 6, 6, 6, 5, 4, 6, 0, 5, 4, 6, 0, 5, 4, 6, 0, 5, 4, 6 / 6, 7, 6, 6, 7

70쪽 19 몫을 반올림하여 나타내기 B

❶ 7.11	❹ 1.63	❼ 2.43
❷ 7.17	❺ 5.14	❽ 1.89
❸ 3.13	❻ 3.71	❾ 4.29

71쪽

❿ 6.22	⓯ 3.88	⓴ 3.33
⓫ 7.29	⓰ 4.63	㉑ 3.83
⓬ 5.56	⓱ 1.57	㉒ 8.44
⓭ 6.83	⓲ 16.67	㉓ 4.86
⓮ 3.29	⓳ 7.88	㉔ 5.22

72쪽 01 비의 성질 A

❶ 10, 14, 15, 21
❷ 4, 10, 6, 15
❸ 8, 14, 12, 21
❹ 8, 6, 12, 9
❺ 2, 10, 3, 15
❻ 18, 4, 27, 6
❼ 16, 14, 24, 21
❽ 10, 6, 15, 9

73쪽

❾ 12, 10, 18, 15
❿ 16, 6, 24, 9
⓫ 4, 2, 6, 3
⓬ 2, 8, 3, 12
⓭ 6, 8, 9, 12
⓮ 2, 6, 3, 9
⓯ 4, 14, 6, 21
⓰ 6, 16, 9, 24
⓱ 14, 4, 21, 6
⓲ 18, 8, 27, 12

74쪽 02 비의 성질 B

❶ 6, 12, 4, 8
❷ 18, 24, 12, 16
❸ 24, 12, 16, 8
❹ 12, 6, 8, 4
❺ 30, 18, 20, 12
❻ 12, 54, 8, 36
❼ 18, 30, 12, 20
❽ 30, 42, 20, 28

75쪽

❾ 36, 30, 24, 20
❿ 18, 42, 12, 28
⓫ 54, 24, 36, 16
⓬ 6, 18, 4, 12
⓭ 42, 12, 28, 8
⓮ 24, 6, 16, 4
⓯ 12, 18, 8, 12
⓰ 12, 42, 8, 28
⓱ 30, 6, 20, 4
⓲ 30, 24, 20, 16

76쪽 03 간단한 자연수의 비로 나타내기 A

❶ 1, 4
❷ 5, 2
❸ 5, 8
❹ 2, 3
❺ 1, 7
❻ 3, 5
❼ 6, 5
❽ 2, 1
❾ 3, 8
❿ 7, 1
⓫ 4, 3
⓬ 1, 8
⓭ 8, 1
⓮ 4, 9
⓯ 2, 7
⓰ 5, 4
⓱ 3, 2
⓲ 3, 1

77쪽

⓳ 2, 7
⓴ 3, 7
㉑ 6, 7
㉒ 7, 8
㉓ 4, 7
㉔ 2, 9
㉕ 9, 2
㉖ 1, 5
㉗ 7, 2
㉘ 1, 8
㉙ 5, 6
㉚ 3, 8
㉛ 3, 1
㉜ 4, 3
㉝ 3, 2
㉞ 6, 1
㉟ 7, 4
㊱ 5, 8
㊲ 5, 1
㊳ 8, 3
㊴ 1, 3

78쪽 04 간단한 자연수의 비로 나타내기 B

❶ 9, 7
❷ 3, 2
❸ 3, 8
❹ 2, 3
❺ 9, 4
❻ 5, 12
❼ 8, 5
❽ 9, 2
❾ 6, 5
❿ 5, 3
⓫ 4, 5
⓬ 2, 11
⓭ 3, 4
⓮ 3, 4
⓯ 3, 7

79쪽

⓰ 1, 8
⓱ 3, 2
⓲ 7, 3
⓳ 4, 1
⓴ 1, 3
㉑ 5, 7
㉒ 1, 5
㉓ 2, 5
㉔ 5, 2
㉕ 3, 7
㉖ 1, 9
㉗ 4, 7
㉘ 1, 6
㉙ 7, 8
㉚ 5, 9
㉛ 8, 3
㉜ 2, 9
㉝ 2, 3

80쪽 05 비례식의 성질 A

❶ 6
❷ 4
❸ 18
❹ 10
❺ 15
❻ 14
❼ 16
❽ 18
❾ 14
❿ 4
⓫ 32
⓬ 6
⓭ 27
⓮ 3
⓯ 36
⓰ 6
⓱ 14
⓲ 16

81쪽

⓳ 15
⓴ 10
㉑ 14
㉒ 32
㉓ 8
㉔ 36
㉕ 15
㉖ 32
㉗ 9
㉘ 21
㉙ 2
㉚ 9
㉛ 12
㉜ 2
㉝ 10
㉞ 12
㉟ 12
㊱ 18
㊲ 20
㊳ 3
㊴ 40

82쪽 06 비례배분 A

❶ 4, 2, 8
❷ 10, 3, 15
❸ 4, 3, 12
❹ 15, 1, 5
❺ 6, 1, 3
❻ 6, 7, 21
❼ 4, 5, 10
❽ 3, 4, 12

83쪽

❾ 10, 1, 5
❿ 9, 2, 6
⓫ 3, 2, 6
⓬ 14, 7, 49
⓭ 6, 4, 24
⓮ 8, 5, 20
⓯ 7, 3, 21
⓰ 15, 2, 10
⓱ 6, 3, 9
⓲ 6, 1, 2

84쪽 01 원주 구하기 A

① 12	④ 30	⑦ 6
② 21	⑤ 27	⑧ 36
③ 18	⑥ 33	⑨ 24

85쪽

⑩ 15	⑭ 33	⑱ 24
⑪ 36	⑮ 3	⑲ 21
⑫ 6	⑯ 45	⑳ 42
⑬ 39	⑰ 12	㉑ 27

86쪽 02 지름 또는 반지름 구하기 A

① 3	⑥ 7	⑪ 5
② 12	⑦ 15	⑫ 9
③ 8	⑧ 1	⑬ 11
④ 4	⑨ 14	⑭ 13
⑤ 10	⑩ 6	⑮ 16

87쪽

⑯ 11	㉒ 6	㉘ 2
⑰ 4	㉓ 13	㉙ 17
⑱ 16	㉔ 18	㉚ 8
⑲ 9	㉕ 15	㉛ 3
⑳ 1	㉖ 14	㉜ 12
㉑ 7	㉗ 10	㉝ 5

88쪽 03 원의 넓이 구하기 A

① 48	④ 108	⑦ 192
② 12	⑤ 243	⑧ 75
③ 363	⑥ 3	⑨ 432

89쪽

⑩ 243	⑭ 48	⑱ 12
⑪ 27	⑮ 432	⑲ 147
⑫ 507	⑯ 363	⑳ 675
⑬ 300	⑰ 75	㉑ 588

MEMO

쌤과 맘이 만든

쌍둥이 연산노트

의 책이에요!

세 품 명: 쌍둥이 연산노트
제조자명: 이젠교육
제조국명: 대한민국
제조년월: 판권에 별도 표기
사용학년: 8세 이상

※ KC마크는 이 제품이 공통안전기준에 적합하였음을 의미합니다.

값 9,500원
63410
9 791190 880626
ISBN 979-11-90880-62-6

교과서 연계 연산 강화 프로젝트
속도와 정확성을 동시에 잡는 연산 훈련서

쌤과 맘이 만든

쌍둥이 연산노트

초등 12단계

6·2

복습책

1일 2쪽
한 달 완성

이젠교육
EZEN EDUCATION

이젠수학연구소 지음
이젠수학연구소는 유아에서 초중고까지 학생들이 수학의 바른길을 찾아갈 수 있도록 수학 학습법을 연구하는 이젠교육의 수학 연구소입니다. 수학 실력은 하루아침에 완성되지 않으며, 다양한 경험을 통해 발달합니다. 그길에 친구가 되고자 노력합니다.

복습을 하지 않으면
공부를 하지 않은 것과 같아요!

쌤과 맘이 만든
쌍둥이 연산 노트 6-2 복습책 (초등 12단계)

지 은 이	이젠수학연구소	개발책임	최철훈
펴 낸 이	임요병	편 집	㈜성지이디피
펴 낸 곳	㈜이젠미디어	디 자 인	이순주, 최수연
출판등록	제 2020-000073호	제 작	이성기
주 소	서울시 영등포구 양평로 22길 21 코오롱디지털타워 404호	마 케 팅	김남미
전 화	(02)324-1600	인스타그램	@ezeneducation
팩 스	(031)941-9611	블 로 그	http://blog.naver.com/ezeneducation

@이젠교육
ISBN 979 11 90880-62-6

쌤과 맘이 만든

쌍둥이 연산노트

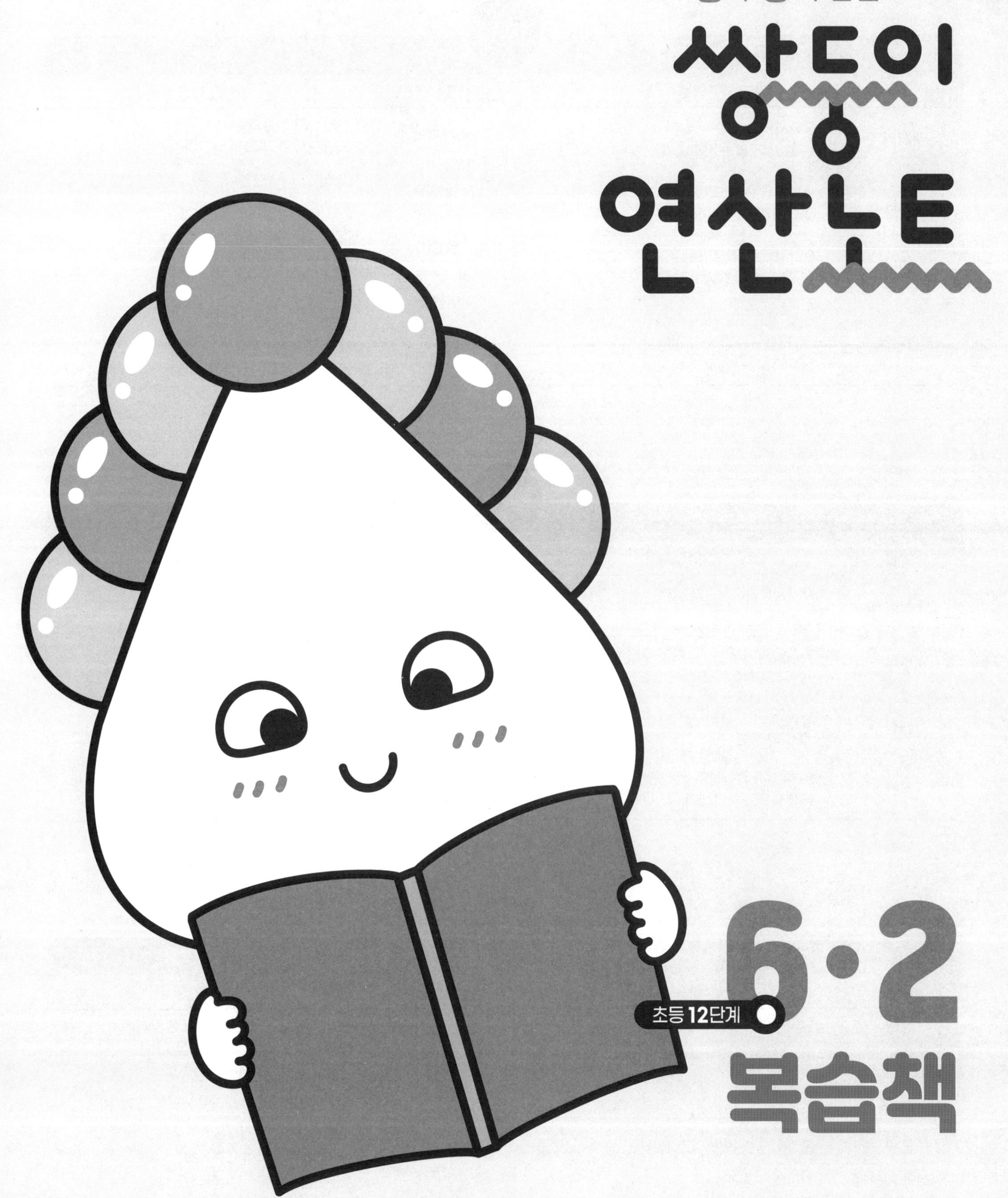

초등 12단계

6·2

복습책

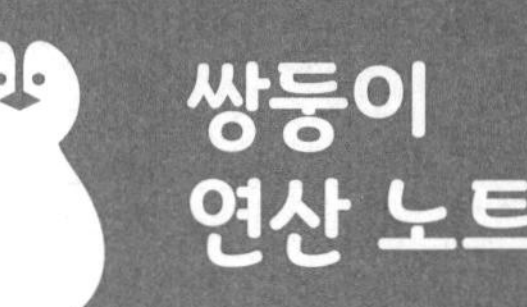

한눈에 보기

1학년

1학기 단원	1학기 학습 내용
9까지의 수	· 9까지의 수의 순서 알기 · 수를 세어 크기 비교하기
덧셈	· 9까지의 수 모으기 · 합이 9까지인 덧셈하기
뺄셈	· 9까지의 수 가르기 · 한 자리 수의 뺄셈하기
50까지의 수	· 십몇 알고 모으기와 가르기 · 50까지의 수의 순서 알기 · 50까지의 수의 크기 비교

2학기 단원	2학기 학습 내용
100까지의 수	· 100까지의 수의 순서 알기 · 100까지 수의 크기 비교하기
덧셈(1)	· (몇십몇)+(몇십몇) · 합이 한 자리 수인 세 수의 덧셈
뺄셈(1)	· (몇십몇)−(몇십몇) · 계산 결과가 한 자리 수인 세 수의 뺄셈
덧셈(2)	· 세 수의 덧셈 · 받아올림이 있는 (몇)+(몇)
뺄셈(2)	· 세 수의 뺄셈 · 받아내림이 있는 (십몇)−(몇)

2학년

1학기 단원	1학기 학습 내용
세 자리 수	· 세 자리 수의 자릿값 알기 · 수의 크기 비교
덧셈	· 받아올림이 있는 (두 자리 수)+(두 자리 수) · 세 수의 덧셈
뺄셈	· 받아내림이 있는 (두 자리 수)−(두 자리 수) · 세 수의 뺄셈
곱셈	· 몇 배인지 알아보기 · 곱셈식으로 나타내기

2학기 단원	2학기 학습 내용
네 자리 수	· 네 자리 수 알기 · 두 수의 크기 비교
곱셈구구	· 2~9단 곱셈구구 · 1의 단, 0과 어떤 수의 곱
길이 재기	· 길이의 합 · 길이의 차
시각과 시간	· 시각 읽기 · 시각과 분 사이의 관계 · 하루, 1주일, 달력 알기

3학년

1학기 단원	1학기 학습 내용
덧셈	· 받아올림이 있는 (세 자리 수)+(세 자리 수)
뺄셈	· 받아내림이 있는 (세 자리 수)−(세 자리 수)
나눗셈	· 곱셈과 나눗셈의 관계 · 나눗셈의 몫 구하기
곱셈	· 올림이 있는 (몇십몇)×(몇)
길이와 시간의 덧셈과 뺄셈	· 길이의 덧셈과 뺄셈 · 시간의 덧셈과 뺄셈
분수와 소수	· 분모가 같은 분수의 크기 비교 · 소수의 크기 비교

2학기 단원	2학기 학습 내용
곱셈	· 올림이 있는 (세 자리 수)×(한 자리 수) · 올림이 있는 (몇십몇)×(몇십몇)
나눗셈	· 나머지가 있는 (몇십몇)÷(몇) · 나머지가 있는 (세 자리 수)÷(한 자리 수)
분수	· 진분수, 가분수, 대분수 · 대분수를 가분수로 나타내기 · 가분수를 대분수로 나타내기 · 분모가 같은 분수의 크기 비교
들이와 무게	· 들이의 덧셈과 뺄셈 · 무게의 덧셈과 뺄셈

쌍둥이 연산 노트는 수학 교과서의 연산과 관련된 모든 영역의 문제를
학교 수업 차시에 맞게 구성하였습니다.

4학년

1학기

단원	학습 내용
큰 수	· 다섯 자리 수 · 천만, 천억, 천조 알기 · 수의 크기 비교
각도	· 각도의 합과 차 · 삼각형의 세 각의 크기의 합 · 사각형의 네 각의 크기의 합
곱셈	· (몇백)×(몇십) · (세 자리 수)×(두 자리 수)
나눗셈	· (몇백몇십)÷(몇십) · (세 자리 수)÷(두 자리 수)

2학기

단원	학습 내용
분수의 덧셈	· 분모가 같은 분수의 덧셈 · 진분수 부분의 합이 1보다 큰 대분수의 덧셈
분수의 뺄셈	· 분모가 같은 분수의 뺄셈 · 받아내림이 있는 대분수의 뺄셈
소수의 덧셈	· (소수 두 자리 수)+(소수 두 자리 수) · 자릿수가 다른 소수의 덧셈
소수의 뺄셈	· (소수 두 자리 수)−(소수 두 자리 수) · 자릿수가 다른 소수의 뺄셈
다각형	· 삼각형, 평행사변형, 마름모, 직사각형의 각도와 길이 구하기

5학년

1학기

단원	학습 내용
자연수의 혼합 계산	· 덧셈, 뺄셈, 곱셈, 나눗셈이 섞여 있는 식 계산하기
약수와 배수	· 약수와 배수 · 최대공약수와 최소공배수
약분과 통분	· 약분과 통분 · 분수와 소수의 크기 비교
분수의 덧셈과 뺄셈	· 받아올림이 있는 분수의 덧셈 · 받아내림이 있는 분수의 뺄셈
다각형의 둘레와 넓이	· 정다각형의 둘레 · 사각형, 평행사변형, 삼각형, 마름모, 사다리꼴의 넓이

2학기

단원	학습 내용
어림하기	· 올림, 버림, 반올림
분수의 곱셈	· (분수)×(자연수) · (자연수)×(분수) · (분수)×(분수) · 세 분수의 곱셈
소수의 곱셈	· (소수)×(자연수) · (자연수)×(소수) · (소수)×(소수) · 곱의 소수점의 위치
자료의 표현	· 평균 구하기

6학년

1학기

단원	학습 내용
분수의 나눗셈	· (자연수)÷(자연수) · (분수)÷(자연수)
소수의 나눗셈	· (소수)÷(자연수) · (자연수)÷(자연수)
비와 비율	· 비와 비율 구하기 · 비율을 백분율, 백분율을 비율로 나타내기
직육면체의 부피와 겉넓이	· 직육면체의 부피와 겉넓이 · 정육면체의 부피와 겉넓이

2학기

단원	학습 내용
분수의 나눗셈	· (진분수)÷(진분수) · (자연수)÷(분수) · (대분수)÷(대분수)
소수의 나눗셈	· (소수)÷(소수) · (자연수)÷(소수) · 몫을 반올림하여 나타내기
비례식과 비례배분	· 간단한 자연수의 비로 나타내기 · 비례식과 비례배분
원주와 원의 넓이	· 원주, 지름, 반지름 구하기 · 원의 넓이 구하기

쌍둥이 연산 노트

구성과 유의점

단원	학습 내용	지도 시 유의점	표준 시간
분수의 나눗셈	01 분모가 같은 (진분수)÷(진분수)(1)	그림으로 분모가 같은 (진분수)÷(진분수) 상황을 이해하게 하고, 분모가 같은 (진분수)÷(진분수)의 계산 원리를 이해하게 합니다.	15분
	02 분모가 같은 (진분수)÷(진분수)(2)		15분
	03 분모가 다른 (진분수)÷(진분수)(1)	분모가 다른 (진분수)÷(진분수)의 계산 원리를 이해하고 계산하게 합니다.	15분
	04 분모가 다른 (진분수)÷(진분수)(2)		15분
	05 (자연수)÷(진분수)(1)	(자연수)÷(진분수)의 계산 원리를 이해하고 계산하게 합니다.	15분
	06 (자연수)÷(진분수)(2)		15분
	07 (자연수)÷(가분수)(1)	(자연수)÷(가분수)의 계산 원리를 이해하고 계산하게 합니다.	15분
	08 (자연수)÷(가분수)(2)		15분
	09 (진분수)÷(대분수)(1)	분모가 다른 (진분수)÷(대분수)를 분수의 곱셈으로 나타낼 수 있음을 이해하게 합니다.	15분
	10 (진분수)÷(대분수)(2)		15분
	11 (대분수)÷(진분수)(1)	분모가 다른 (대분수)÷(진분수)를 분수의 곱셈으로 나타낼 수 있음을 이해하게 합니다.	15분
	12 (대분수)÷(진분수)(2)		15분
	13 (대분수)÷(대분수)(1)	분모가 다른 (대분수)÷(대분수)를 분수의 곱셈으로 나타낼 수 있음을 이해하게 합니다.	15분
	14 (대분수)÷(대분수)(2)		15분
소수의 나눗셈	01 (소수 한 자리 수)÷(소수 한 자리 수)(1)	·(소수 한 자리 수)÷(소수 한 자리 수)의 상황을 단위 변환을 사용하여 자연수의 나눗셈으로 바꾸어 계산할 수 있게 합니다. ·(소수 한 자리 수)÷(소수 한 자리 수)를 분수의 나눗셈으로 바꾸어 계산할 수 있게 하고 세로 계산 방법을 유추하여 풀어 보게 합니다.	15분
	02 (소수 한 자리 수)÷(소수 한 자리 수)(2)		15분
	03 (소수 한 자리 수)÷(소수 한 자리 수)(3)		13분
	04 (소수 두 자리 수)÷(소수 두 자리 수)(1)	·(소수 두 자리 수)÷(소수 두 자리 수)의 상황을 단위 변환을 사용하여 자연수의 나눗셈으로 바꾸어 계산할 수 있게 합니다. ·(소수 두 자리 수)÷(소수 두 자리 수)를 분수의 나눗셈으로 바꾸어 계산할 수 있게 하고 세로 계산 방법을 유추하여 풀어 보게 합니다.	15분
	05 (소수 두 자리 수)÷(소수 두 자리 수)(2)		15분
	06 (소수 두 자리 수)÷(소수 두 자리 수)(3)		13분
	07 (소수 두 자리 수)÷(소수 한 자리 수)(1)	·(소수 두 자리 수)÷(소수 한 자리 수)의 상황을 단위 변환을 사용하여 자연수의 나눗셈으로 바꾸어 계산할 수 있게 합니다. ·(소수 두 자리 수)÷(소수 한 자리 수)를 분수의 나눗셈으로 바꾸어 계산할 수 있게 하고 세로 계산 방법을 유추하여 풀어 보게 합니다.	15분
	08 (소수 두 자리 수)÷(소수 한 자리 수)(2)		13분
	09 (소수 두 자리 수)÷(소수 한 자리 수)(3)		13분

◆ 차시별 2쪽 구성으로 차시의 중요도별로 A~C단계로 2~6쪽까지 집중적으로 학습할 수 있습니다.

◆ 차시별 예습 2쪽+복습 2쪽 구성으로 시기별로 2번 반복할 수 있습니다.

단원	학습 내용	지도 시 유의점	표준 시간
소수의 나눗셈	10 (자연수)÷(소수 한 자리 수)(1)	· (자연수)÷(소수 한 자리 수)를 분수의 나눗셈으로 바꾸어 몫을 구하게 합니다. · 나눗셈에서 나누어지는 수의 나누는 수에 10을 똑같이 곱하여도 몫이 변하지 않는다는 사실을 이용하여 세로 계산 방법을 유추하여 활용하게 합니다.	15분
	11 (자연수)÷(소수 한 자리 수)(2)		15분
	12 (자연수)÷(소수 한 자리 수)(3)		13분
	13 (자연수)÷(소수 두 자리 수)(1)	· (자연수)÷(소수 두 자리 수)를 분수의 나눗셈으로 바꾸어 몫을 구하게 합니다. · 나눗셈에서 나누어지는 수의 나누는 수에 10을 똑같이 곱하여도 몫이 변하지 않는다는 사실을 이용하여 세로 계산 방법을 유추하여 활용하게 합니다.	15분
	14 (자연수)÷(소수 두 자리 수)(2)		13분
	15 (자연수)÷(소수 두 자리 수)(3)		15분
	16 몫을 자연수 부분까지 구하기(1)	몫이 나누어떨어지지 않는 나눗셈 문제 상황을 나눗셈식으로 표현하고 몫을 어림하게 합니다.	9분
	17 몫을 자연수 부분까지 구하기(2)		15분
	18 몫을 반올림하여 나타내기(1)	나눗셈의 몫을 소수 각 자릿수에서 반올림하는 법을 이해하고 활용하게 합니다.	9분
	19 몫을 반올림하여 나타내기(2)		13분
비례식과 비례배분	01 비의 성질(1)	비의 전항과 후항에 0이 아닌 같은 수를 곱하여도 비율이 같고, 비의 전항과 후항을 0이 아닌 같은 수로 나누어도 비율이 같음을 이해하게 합니다.	9분
	02 비의 성질(2)		9분
	03 간단한 자연수의 비로 나타내기(1)	비의 성질을 이용하여 주어진 비를 간단한 자연수의 비로 나타내게 합니다.	15분
	04 간단한 자연수의 비로 나타내기(2)		15분
	05 비례식의 성질	□가 있는 비례식에서 비례식의 성질을 활용하여 □의 값을 구해 보게 합니다.	15분
	06 비례배분	비례배분의 의미를 이해하고 주어진 양을 비례배분하게 합니다.	9분
원주와 원의 넓이	01 원주 구하기	원주율을 이용하여 원주를 구하게 합니다.	11분
	02 지름 또는 반지름 구하기	원주율을 이용하여 원의 지름과 반지름을 구하게 합니다.	15분
	03 원의 넓이 구하기	원의 넓이를 구하는 방법을 이해하고, 원의 넓이를 구하게 합니다.	11분

01 분모가 같은 (진분수) ÷ (진분수)

그림을 보고 □ 안에 알맞은 수를 써넣으세요.

1

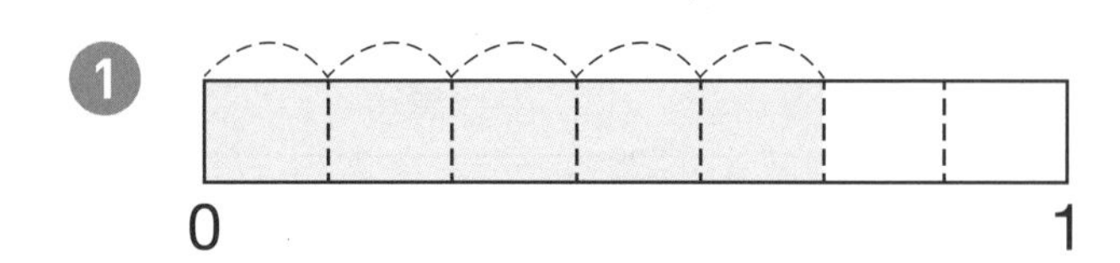

$\frac{5}{7} \div \frac{1}{7} = \square$

$\frac{5}{7}$에서 $\frac{1}{7}$을 5번 덜어 낼 수 있어요.

2

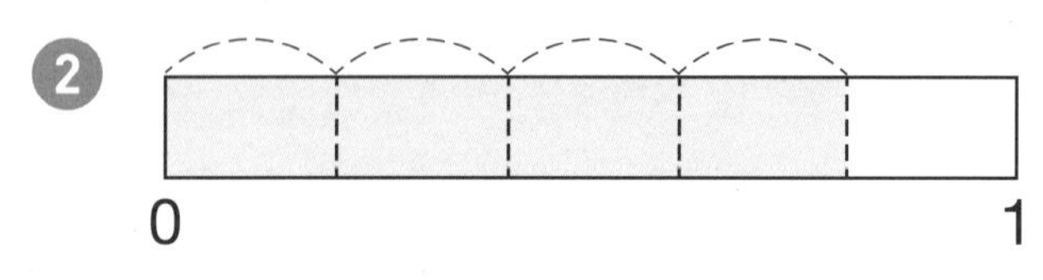

$\frac{4}{5} \div \frac{1}{5} = \square$

3

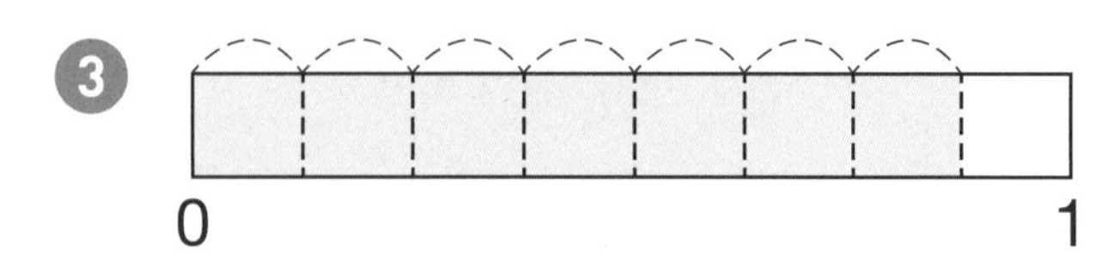

$\frac{7}{8} \div \frac{1}{8} = \square$

4

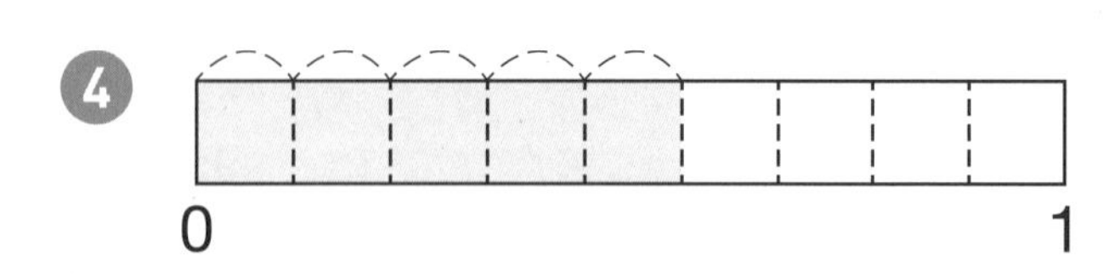

$\frac{5}{9} \div \frac{1}{9} = \square$

5

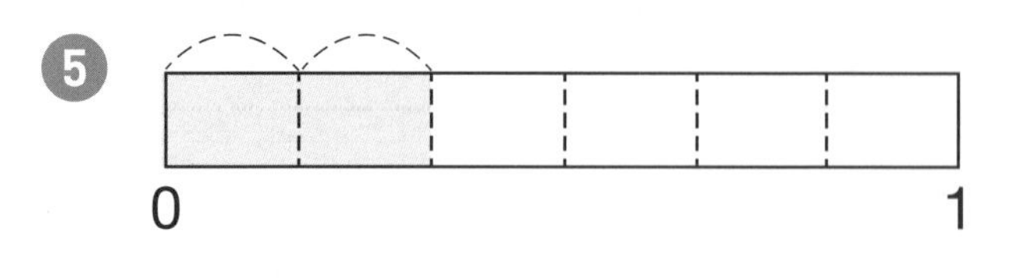

$\frac{2}{6} \div \frac{1}{6} = \square$

6

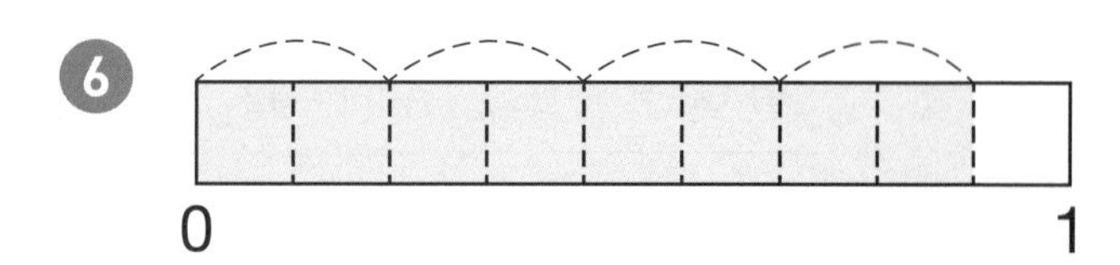

$\frac{8}{9} \div \frac{2}{9} = \square$

7

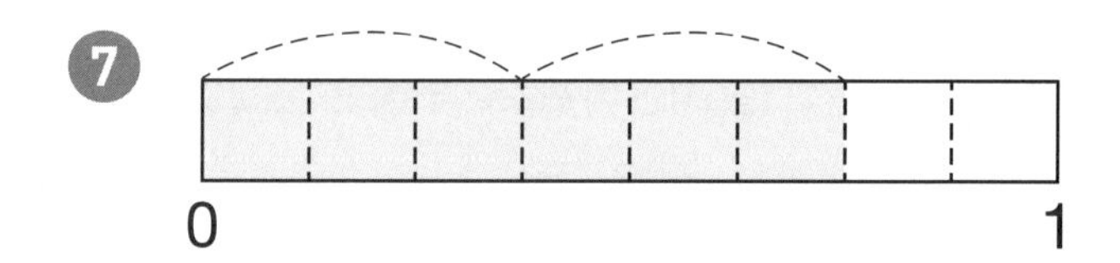

$\frac{6}{8} \div \frac{3}{8} = \square$

8

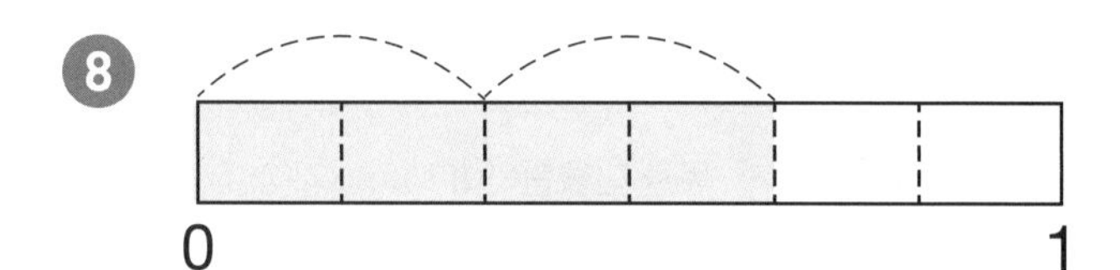

$\frac{4}{6} \div \frac{2}{6} = \square$

9

0 1

$\frac{4}{9} \div \frac{2}{9} = \square$

10

0 1

$\frac{8}{9} \div \frac{4}{9} = \square$

정답 92쪽

공부한 날짜	맞힌 개수	걸린 시간
월 일	/31	분

계산을 하세요.

⑪ $\frac{2}{4} \div \frac{1}{4}$

⑫ $\frac{3}{8} \div \frac{1}{8}$

⑬ $\frac{3}{6} \div \frac{1}{6}$

⑭ $\frac{4}{5} \div \frac{2}{5}$

⑮ $\frac{6}{7} \div \frac{3}{7}$

⑯ $\frac{6}{9} \div \frac{2}{9}$

⑰ $\frac{4}{10} \div \frac{2}{10}$

⑱ $\frac{4}{9} \div \frac{1}{9}$

⑲ $\frac{6}{8} \div \frac{2}{8}$

⑳ $\frac{8}{9} \div \frac{4}{9}$

㉑ $\frac{6}{8} \div \frac{1}{8}$

㉒ $\frac{2}{5} \div \frac{1}{5}$

㉓ $\frac{2}{7} \div \frac{1}{7}$

㉔ $\frac{6}{7} \div \frac{2}{7}$

㉕ $\frac{4}{7} \div \frac{2}{7}$

㉖ $\frac{4}{6} \div \frac{2}{6}$

㉗ $\frac{4}{7} \div \frac{1}{7}$

㉘ $\frac{2}{9} \div \frac{1}{9}$

㉙ $\frac{8}{9} \div \frac{2}{9}$

㉚ $\frac{3}{4} \div \frac{1}{4}$

㉛ $\frac{8}{9} \div \frac{1}{9}$

02 분모가 같은 (진분수)÷(진분수)

□ 안에 알맞은 수를 써넣으세요.

❶ $\frac{5}{7} \div \frac{3}{7} = \square \div \square = \frac{\square}{\square} = \square\frac{\square}{\square}$

$\frac{5}{7}$는 $\frac{1}{7}$이 5개, $\frac{3}{7}$은 $\frac{1}{7}$이 3개예요.

❷ $\frac{6}{8} \div \frac{5}{8} = \square \div \square = \frac{\square}{\square} = \square\frac{\square}{\square}$

❸ $\frac{8}{9} \div \frac{6}{9} = \square \div \square = \frac{\square}{\square} = \square\frac{\square}{\square}$

❹ $\frac{4}{6} \div \frac{3}{6} = \square \div \square = \frac{\square}{\square} = \square\frac{\square}{\square}$

❺ $\frac{8}{9} \div \frac{5}{9} = \square \div \square = \frac{\square}{\square} = \square\frac{\square}{\square}$

❻ $\frac{7}{10} \div \frac{6}{10} = \square \div \square = \frac{\square}{\square} = \square\frac{\square}{\square}$

❼ $\frac{9}{10} \div \frac{2}{10} = \square \div \square = \frac{\square}{\square} = \square\frac{\square}{\square}$

❽ $\frac{4}{5} \div \frac{3}{5} = \square \div \square = \frac{\square}{\square} = \square\frac{\square}{\square}$

❾ $\frac{5}{8} \div \frac{4}{8} = \square \div \square = \frac{\square}{\square} = \square\frac{\square}{\square}$

❿ $\frac{7}{9} \div \frac{3}{9} = \square \div \square = \frac{\square}{\square} = \square\frac{\square}{\square}$

⓫ $\frac{7}{8} \div \frac{5}{8} = \square \div \square = \frac{\square}{\square} = \square\frac{\square}{\square}$

⓬ $\frac{6}{7} \div \frac{5}{7} = \square \div \square = \frac{\square}{\square} = \square\frac{\square}{\square}$

정답 92쪽

공부한 날짜	맞힌 개수	걸린 시간
월 일	/33	분

계산을 하세요.

⑬ $\frac{7}{8} \div \frac{4}{8}$

⑭ $\frac{6}{7} \div \frac{3}{7}$

⑮ $\frac{7}{9} \div \frac{4}{9}$

⑯ $\frac{5}{6} \div \frac{2}{6}$

⑰ $\frac{8}{9} \div \frac{5}{9}$

⑱ $\frac{5}{7} \div \frac{2}{7}$

⑲ $\frac{7}{8} \div \frac{6}{8}$

⑳ $\frac{3}{6} \div \frac{2}{6}$

㉑ $\frac{5}{9} \div \frac{2}{9}$

㉒ $\frac{5}{8} \div \frac{3}{8}$

㉓ $\frac{6}{10} \div \frac{5}{10}$

㉔ $\frac{7}{8} \div \frac{3}{8}$

㉕ $\frac{4}{8} \div \frac{3}{8}$

㉖ $\frac{9}{10} \div \frac{5}{10}$

㉗ $\frac{8}{10} \div \frac{4}{10}$

㉘ $\frac{4}{8} \div \frac{2}{8}$

㉙ $\frac{3}{7} \div \frac{2}{7}$

㉚ $\frac{4}{10} \div \frac{3}{10}$

㉛ $\frac{6}{7} \div \frac{2}{7}$

㉜ $\frac{5}{9} \div \frac{4}{9}$

㉝ $\frac{6}{7} \div \frac{4}{7}$

03 분모가 다른 (진분수)÷(진분수)

□ 안에 알맞은 수를 써넣으세요.

1. $\frac{6}{7} \div \frac{2}{14} = \frac{\square}{\square} \div \frac{2}{14}$
$= \square \div 2 = \square$

통분한 후 분자끼리 나누어 계산해요.

2. $\frac{3}{6} \div \frac{4}{24} = \frac{\square}{\square} \div \frac{4}{24}$
$= \square \div 4 = \square$

3. $\frac{9}{27} \div \frac{1}{9} = \frac{9}{27} \div \frac{\square}{\square}$
$= 9 \div \square = \square$

4. $\frac{4}{8} \div \frac{4}{32} = \frac{\square}{\square} \div \frac{4}{32}$
$= \square \div 4 = \square$

5. $\frac{4}{7} \div \frac{3}{21} = \frac{\square}{\square} \div \frac{3}{21}$
$= \square \div 3 = \square$

6. $\frac{8}{9} \div \frac{12}{27} = \frac{\square}{\square} \div \frac{12}{27}$
$= \square \div 12 = \square$

7. $\frac{24}{32} \div \frac{3}{8} = \frac{24}{32} \div \frac{\square}{\square}$
$= 24 \div \square = \square$

8. $\frac{6}{7} \div \frac{6}{14} = \frac{\square}{\square} \div \frac{6}{14}$
$= \square \div 6 = \square$

9. $\frac{8}{18} \div \frac{2}{9} = \frac{8}{18} \div \frac{\square}{\square}$
$= 8 \div \square = \square$

10. $\frac{12}{15} \div \frac{2}{5} = \frac{12}{15} \div \frac{\square}{\square}$
$= 12 \div \square = \square$

11. $\frac{12}{16} \div \frac{1}{4} = \frac{12}{16} \div \frac{\square}{\square}$
$= 12 \div \square = \square$

12. $\frac{8}{10} \div \frac{2}{5} = \frac{8}{10} \div \frac{\square}{\square}$
$= 8 \div \square = \square$

정답 92쪽

공부한 날짜	맞힌 개수	걸린 시간
월 일	/33	분

계산을 하세요.

⑬ $\frac{12}{30} \div \frac{2}{10}$

⑭ $\frac{12}{16} \div \frac{1}{8}$

⑮ $\frac{5}{6} \div \frac{5}{30}$

⑯ $\frac{6}{11} \div \frac{6}{22}$

⑰ $\frac{6}{7} \div \frac{4}{14}$

⑱ $\frac{21}{27} \div \frac{1}{9}$

⑲ $\frac{4}{5} \div \frac{8}{20}$

⑳ $\frac{4}{9} \div \frac{4}{18}$

㉑ $\frac{8}{9} \div \frac{8}{36}$

㉒ $\frac{9}{15} \div \frac{1}{5}$

㉓ $\frac{18}{24} \div \frac{3}{8}$

㉔ $\frac{12}{18} \div \frac{1}{9}$

㉕ $\frac{4}{5} \div \frac{3}{15}$

㉖ $\frac{8}{13} \div \frac{8}{26}$

㉗ $\frac{9}{12} \div \frac{1}{4}$

㉘ $\frac{16}{18} \div \frac{4}{9}$

㉙ $\frac{3}{7} \div \frac{5}{35}$

㉚ $\frac{4}{6} \div \frac{10}{30}$

㉛ $\frac{8}{12} \div \frac{6}{36}$

㉜ $\frac{18}{24} \div \frac{3}{12}$

㉝ $\frac{8}{22} \div \frac{1}{11}$

04 분모가 다른 (진분수) ÷ (진분수)

□ 안에 알맞은 수를 써넣으세요.

1. $\frac{7}{9} \div \frac{1}{3} = \frac{7}{9} \div \frac{\square}{\square}$
$= 7 \div \square = \frac{7}{\square} = \square$

2. $\frac{5}{8} \div \frac{1}{4} = \frac{5}{8} \div \frac{\square}{\square}$
$= 5 \div \square = \frac{5}{\square} = \square$

3. $\frac{5}{6} \div \frac{2}{3} = \frac{5}{6} \div \frac{\square}{\square}$
$= 5 \div \square = \frac{5}{\square} = \square$

4. $\frac{7}{10} \div \frac{1}{5} = \frac{7}{10} \div \frac{\square}{\square}$
$= 7 \div \square = \frac{7}{\square} = \square$

5. $\frac{4}{5} \div \frac{3}{10} = \frac{\square}{\square} \div \frac{3}{10}$
$= \square \div 3 = \frac{\square}{3} = \square$

6. $\frac{12}{14} \div \frac{5}{7} = \frac{12}{14} \div \frac{\square}{\square}$
$= 12 \div \square = \frac{12}{\square} = \square$

7. $\frac{4}{5} \div \frac{3}{10} = \frac{\square}{\square} \div \frac{3}{10}$
$= \square \div 3 = \frac{\square}{3} = \square$

8. $\frac{3}{11} \div \frac{4}{22} = \frac{\square}{\square} \div \frac{4}{22}$
$= \square \div 4 = \frac{\square}{4} = \square$

9. $\frac{7}{8} \div \frac{3}{4} = \frac{7}{8} \div \frac{\square}{\square}$
$= 7 \div \square = \frac{7}{\square} = \square$

10. $\frac{7}{9} \div \frac{2}{3} = \frac{7}{9} \div \frac{\square}{\square}$
$= 7 \div \square = \frac{7}{\square} = \square$

정답 92쪽

공부한 날짜	맞힌 개수	걸린 시간
월 일	/31	분

계산을 하세요.

⑪ $\frac{3}{10} \div \frac{1}{5}$

⑫ $\frac{7}{11} \div \frac{4}{22}$

⑬ $\frac{3}{4} \div \frac{4}{8}$

⑭ $\frac{7}{11} \div \frac{4}{22}$

⑮ $\frac{7}{8} \div \frac{10}{16}$

⑯ $\frac{1}{4} \div \frac{2}{12}$

⑰ $\frac{2}{3} \div \frac{4}{9}$

⑱ $\frac{8}{14} \div \frac{3}{7}$

⑲ $\frac{9}{10} \div \frac{1}{2}$

⑳ $\frac{5}{12} \div \frac{1}{6}$

㉑ $\frac{7}{9} \div \frac{4}{18}$

㉒ $\frac{18}{20} \div \frac{5}{10}$

㉓ $\frac{9}{11} \div \frac{4}{22}$

㉔ $\frac{7}{10} \div \frac{6}{20}$

㉕ $\frac{1}{2} \div \frac{3}{10}$

㉖ $\frac{14}{16} \div \frac{3}{8}$

㉗ $\frac{14}{18} \div \frac{5}{9}$

㉘ $\frac{18}{20} \div \frac{7}{10}$

㉙ $\frac{7}{11} \div \frac{6}{22}$

㉚ $\frac{1}{2} \div \frac{3}{8}$

㉛ $\frac{4}{5} \div \frac{6}{10}$

05 (자연수)÷(진분수)

□ 안에 알맞은 수를 써넣으세요.

❶ $2 \div \frac{2}{5} = \frac{\square}{\square} \div \frac{2}{5}$

$= \square \div 2 = \square$

통분을 하여 계산해요.

❷ $3 \div \frac{5}{7} = \frac{\square}{\square} \div \frac{5}{7}$

$= \square \div 5 = \square$

❸ $2 \div \frac{8}{15} = \frac{\square}{\square} \div \frac{8}{15}$

$= \square \div 8 = \square$

❹ $6 \div \frac{6}{7} = \frac{\square}{\square} \div \frac{6}{7}$

$= \square \div 6 = \square$

❺ $2 \div \frac{7}{11} = \frac{\square}{\square} \div \frac{7}{11}$

$= \square \div 7 = \square$

❻ $2 \div \frac{8}{9} = \frac{\square}{\square} \div \frac{8}{9}$

$= \square \div 8 = \square$

❼ $4 \div \frac{8}{10} = \frac{\square}{\square} \div \frac{8}{10}$

$= \square \div 8 = \square$

❽ $3 \div \frac{9}{10} = \frac{\square}{\square} \div \frac{9}{10}$

$= \square \div 9 = \square$

❾ $5 \div \frac{5}{8} = \frac{\square}{\square} \div \frac{5}{8}$

$= \square \div 5 = \square$

❿ $3 \div \frac{3}{11} = \frac{\square}{\square} \div \frac{3}{11}$

$= \square \div 3 = \square$

⓫ $2 \div \frac{14}{17} = \frac{\square}{\square} \div \frac{14}{17}$

$= \square \div 14 = \square$

⓬ $4 \div \frac{4}{11} = \frac{\square}{\square} \div \frac{4}{11}$

$= \square \div 4 = \square$

정답 93쪽

공부한 날짜	맞힌 개수	걸린 시간
월 일	/33	분

계산을 하세요.

⑬ $4 \div \frac{4}{13}$

⑭ $7 \div \frac{7}{9}$

⑮ $2 \div \frac{12}{15}$

⑯ $5 \div \frac{10}{11}$

⑰ $3 \div \frac{3}{14}$

⑱ $2 \div \frac{8}{13}$

⑲ $7 \div \frac{7}{20}$

⑳ $6 \div \frac{12}{17}$

㉑ $2 \div \frac{10}{13}$

㉒ $8 \div \frac{8}{13}$

㉓ $3 \div \frac{3}{4}$

㉔ $3 \div \frac{9}{17}$

㉕ $4 \div \frac{16}{17}$

㉖ $3 \div \frac{6}{19}$

㉗ $3 \div \frac{3}{19}$

㉘ $5 \div \frac{10}{13}$

㉙ $4 \div \frac{8}{9}$

㉚ $2 \div \frac{2}{9}$

㉛ $2 \div \frac{4}{19}$

㉜ $5 \div \frac{15}{17}$

㉝ $2 \div \frac{6}{15}$

06 (자연수)÷(진분수)

□ 안에 알맞은 수를 써넣으세요.

❶ $2 \div \frac{6}{17} = (2 \div \square) \times \square$
$= \square$

자연수를 분수의 분자로 나눈 후 분모를 곱해요.

❷ $4 \div \frac{4}{9} = (4 \div \square) \times \square$
$= \square$

❸ $2 \div \frac{6}{11} = (2 \div \square) \times \square$
$= \square$

❹ $6 \div \frac{9}{11} = (6 \div \square) \times \square$
$= \square$

❺ $3 \div \frac{15}{18} = (3 \div \square) \times \square$
$= \square$

❻ $4 \div \frac{12}{19} = (4 \div \square) \times \square$
$= \square$

❼ $5 \div \frac{5}{6} = (5 \div \square) \times \square$
$= \square$

❽ $2 \div \frac{6}{7} = (2 \div \square) \times \square$
$= \square$

❾ $3 \div \frac{6}{7} = (3 \div \square) \times \square$
$= \square$

❿ $3 \div \frac{9}{19} = (3 \div \square) \times \square$
$= \square$

⓫ $2 \div \frac{6}{8} = (2 \div \square) \times \square$
$= \square$

⓬ $2 \div \frac{6}{7} = (2 \div \square) \times \square$
$= \square$

정답 93쪽

공부한 날짜	맞힌 개수	걸린 시간
월 일	/33	분

계산을 하세요.

⑬ $3 \div \frac{9}{13}$

⑳ $7 \div \frac{7}{10}$

㉗ $2 \div \frac{4}{17}$

⑭ $3 \div \frac{3}{7}$

㉑ $2 \div \frac{8}{9}$

㉘ $5 \div \frac{5}{9}$

⑮ $2 \div \frac{4}{7}$

㉒ $6 \div \frac{3}{11}$

㉙ $4 \div \frac{12}{13}$

⑯ $7 \div \frac{7}{15}$

㉓ $3 \div \frac{12}{17}$

㉚ $2 \div \frac{18}{19}$

⑰ $3 \div \frac{6}{17}$

㉔ $6 \div \frac{12}{17}$

㉛ $8 \div \frac{16}{19}$

⑱ $5 \div \frac{10}{14}$

㉕ $2 \div \frac{6}{15}$

㉜ $2 \div \frac{8}{15}$

⑲ $4 \div \frac{8}{15}$

㉖ $2 \div \frac{14}{15}$

㉝ $3 \div \frac{18}{19}$

07 (자연수)÷(가분수)

□ 안에 알맞은 수를 써넣으세요.

❶ $4 \div \frac{6}{3} = \frac{\square}{\square} \div \frac{6}{3}$

$= \square \div 6 = \square$

자연수를 분수로 고쳐서 계산해요.

❷ $4 \div \frac{8}{3} = \frac{\square}{\square} \div \frac{8}{3}$

$= \square \div 8 = \square$

❸ $8 \div \frac{16}{7} = \frac{\square}{\square} \div \frac{16}{7}$

$= \square \div 16 = \square$

❹ $3 \div \frac{18}{7} = \frac{\square}{\square} \div \frac{18}{7}$

$= \square \div 18 = \square$

❺ $3 \div \frac{6}{5} = \frac{\square}{\square} \div \frac{6}{5}$

$= \square \div 6 = \square$

❻ $7 \div \frac{7}{4} = \frac{\square}{\square} \div \frac{7}{4}$

$= \square \div 7 = \square$

❼ $3 \div \frac{9}{8} = \frac{\square}{\square} \div \frac{9}{8}$

$= \square \div 9 = \square$

❽ $2 \div \frac{10}{7} = \frac{\square}{\square} \div \frac{10}{7}$

$= \square \div 10 = \square$

❾ $5 \div \frac{15}{4} = \frac{\square}{\square} \div \frac{15}{4}$

$= \square \div 15 = \square$

❿ $4 \div \frac{16}{13} = \frac{\square}{\square} \div \frac{16}{13}$

$= \square \div 16 = \square$

정답 93쪽

공부한 날짜	맞힌 개수	걸린 시간
월 일	/31	분

계산을 하세요.

⑪ $5 \div \frac{5}{2}$

⑫ $6 \div \frac{6}{3}$

⑬ $3 \div \frac{15}{8}$

⑭ $3 \div \frac{9}{5}$

⑮ $2 \div \frac{8}{7}$

⑯ $5 \div \frac{15}{11}$

⑰ $4 \div \frac{12}{3}$

⑱ $7 \div \frac{14}{13}$

⑲ $2 \div \frac{4}{3}$

⑳ $4 \div \frac{12}{11}$

㉑ $3 \div \frac{18}{11}$

㉒ $6 \div \frac{18}{17}$

㉓ $8 \div \frac{16}{13}$

㉔ $7 \div \frac{14}{5}$

㉕ $3 \div \frac{12}{11}$

㉖ $5 \div \frac{10}{9}$

㉗ $8 \div \frac{8}{7}$

㉘ $4 \div \frac{8}{7}$

㉙ $4 \div \frac{16}{7}$

㉚ $6 \div \frac{12}{11}$

㉛ $3 \div \frac{6}{5}$

08 (자연수)÷(가분수)

□ 안에 알맞은 수를 써넣으세요.

❶ $5 \div \frac{10}{7} = (5 \div \square) \times \square$
$= \square$

❷ $8 \div \frac{16}{11} = (8 \div \square) \times \square$
$= \square$

❸ $3 \div \frac{15}{9} = (3 \div \square) \times \square$
$= \square$

❹ $5 \div \frac{10}{3} = (5 \div \square) \times \square$
$= \square$

❺ $4 \div \frac{12}{7} = (4 \div \square) \times \square$
$= \square$

❻ $3 \div \frac{15}{10} = (3 \div \square) \times \square$
$= \square$

❼ $6 \div \frac{12}{7} = (6 \div \square) \times \square$
$= \square$

❽ $7 \div \frac{7}{5} = (7 \div \square) \times \square$
$= \square$

❾ $2 \div \frac{8}{5} = (2 \div \square) \times \square$
$= \square$

❿ $7 \div \frac{7}{3} = (7 \div \square) \times \square$
$= \square$

⓫ $3 \div \frac{18}{3} = (3 \div \square) \times \square$
$= \square$

⓬ $3 \div \frac{12}{7} = (3 \div \square) \times \square$
$= \square$

정답 93쪽

공부한 날짜	맞힌 개수	걸린 시간
월 일	/33	분

계산을 하세요.

⑬ $2 \div \frac{10}{9}$

⑭ $3 \div \frac{15}{4}$

⑮ $4 \div \frac{8}{5}$

⑯ $8 \div \frac{16}{15}$

⑰ $7 \div \frac{14}{11}$

⑱ $7 \div \frac{14}{3}$

⑲ $5 \div \frac{15}{8}$

⑳ $3 \div \frac{18}{13}$

㉑ $3 \div \frac{9}{4}$

㉒ $6 \div \frac{18}{15}$

㉓ $5 \div \frac{15}{11}$

㉔ $2 \div \frac{10}{3}$

㉕ $8 \div \frac{8}{3}$

㉖ $4 \div \frac{16}{5}$

㉗ $4 \div \frac{16}{11}$

㉘ $6 \div \frac{18}{7}$

㉙ $5 \div \frac{15}{2}$

㉚ $6 \div \frac{18}{13}$

㉛ $3 \div \frac{18}{5}$

㉜ $8 \div \frac{16}{3}$

㉝ $5 \div \frac{15}{13}$

09 (진분수)÷(대분수)

□ 안에 알맞은 수를 써넣으세요.

❶ $\frac{5}{9} \div 1\frac{3}{4} = \frac{5}{9} \div \frac{\square}{4}$

$= \frac{\square}{36} \div \frac{\square}{36} = \square \div \square = \frac{\square}{\square}$

대분수를 가분수로 바꾼 후 통분하여 계산해요.

❷ $\frac{3}{4} \div 1\frac{1}{7} = \frac{3}{4} \div \frac{\square}{7}$

$= \frac{\square}{28} \div \frac{\square}{28} = \square \div \square = \frac{\square}{\square}$

❸ $\frac{7}{8} \div 2\frac{1}{2} = \frac{7}{8} \div \frac{\square}{2}$

$= \frac{\square}{8} \div \frac{\square}{8} = \square \div \square = \frac{\square}{\square}$

❹ $\frac{2}{3} \div 2\frac{1}{8} = \frac{2}{3} \div \frac{\square}{8}$

$= \frac{\square}{24} \div \frac{\square}{24} = \square \div \square = \frac{\square}{\square}$

❺ $\frac{4}{9} \div 1\frac{1}{6} = \frac{4}{9} \div \frac{\square}{6}$

$= \frac{\square}{18} \div \frac{\square}{18} = \square \div \square = \frac{\square}{\square}$

❻ $\frac{2}{9} \div 1\frac{3}{7} = \frac{2}{9} \div \frac{\square}{7}$

$= \frac{\square}{63} \div \frac{\square}{63} = \square \div \square = \frac{\square}{\square}$

❼ $\frac{8}{9} \div 1\frac{1}{4} = \frac{8}{9} \div \frac{\square}{4}$

$= \frac{\square}{36} \div \frac{\square}{36} = \square \div \square = \frac{\square}{\square}$

❽ $\frac{5}{6} \div 1\frac{3}{8} = \frac{5}{6} \div \frac{\square}{8}$

$= \frac{\square}{24} \div \frac{\square}{24} = \square \div \square = \frac{\square}{\square}$

❾ $\frac{2}{3} \div 2\frac{3}{4} = \frac{2}{3} \div \frac{\square}{4}$

$= \frac{\square}{12} \div \frac{\square}{12} = \square \div \square = \frac{\square}{\square}$

❿ $\frac{1}{6} \div 2\frac{2}{7} = \frac{1}{6} \div \frac{\square}{7}$

$= \frac{\square}{42} \div \frac{\square}{42} = \square \div \square = \frac{\square}{\square}$

정답 94쪽

공부한 날짜	맞힌 개수	걸린 시간
월 일	/31	분

계산을 하세요.

⑪ $\frac{7}{9} \div 1\frac{2}{3}$

⑫ $\frac{1}{5} \div 1\frac{5}{6}$

⑬ $\frac{5}{9} \div 1\frac{3}{7}$

⑭ $\frac{1}{6} \div 2\frac{4}{5}$

⑮ $\frac{1}{9} \div 1\frac{1}{6}$

⑯ $\frac{2}{3} \div 1\frac{5}{9}$

⑰ $\frac{1}{7} \div 1\frac{1}{8}$

⑱ $\frac{2}{5} \div 1\frac{1}{3}$

⑲ $\frac{1}{2} \div 1\frac{1}{5}$

⑳ $\frac{2}{5} \div 1\frac{1}{9}$

㉑ $\frac{1}{3} \div 2\frac{1}{7}$

㉒ $\frac{1}{4} \div 1\frac{4}{7}$

㉓ $\frac{3}{7} \div 1\frac{3}{8}$

㉔ $\frac{8}{9} \div 1\frac{5}{6}$

㉕ $\frac{8}{9} \div 2\frac{2}{7}$

㉖ $\frac{2}{9} \div 1\frac{3}{4}$

㉗ $\frac{4}{5} \div 1\frac{5}{7}$

㉘ $\frac{7}{9} \div 1\frac{3}{5}$

㉙ $\frac{5}{6} \div 2\frac{1}{5}$

㉚ $\frac{4}{9} \div 1\frac{3}{5}$

㉛ $\frac{2}{5} \div 2\frac{2}{9}$

10 (진분수)÷(대분수)

□ 안에 알맞은 수를 써넣으세요.

❶ $\frac{1}{6} \div 1\frac{4}{7} = \frac{1}{6} \div \frac{\square}{7}$

$= \frac{1}{6} \times \frac{\square}{\square} = \frac{\square}{\square}$

대분수를 가분수로 고친 후 곱셈으로 바꿔서 계산해요.

❷ $\frac{1}{3} \div 1\frac{5}{9} = \frac{1}{3} \div \frac{\square}{9}$

$= \frac{1}{3} \times \frac{\square}{\square} = \frac{\square}{\square}$

❸ $\frac{4}{9} \div 2\frac{1}{6} = \frac{4}{9} \div \frac{\square}{6}$

$= \frac{4}{9} \times \frac{\square}{\square} = \frac{\square}{\square}$

❹ $\frac{1}{5} \div 1\frac{7}{9} = \frac{1}{5} \div \frac{\square}{9}$

$= \frac{1}{5} \times \frac{\square}{\square} = \frac{\square}{\square}$

❺ $\frac{3}{4} \div 1\frac{5}{8} = \frac{3}{4} \div \frac{\square}{8}$

$= \frac{3}{4} \times \frac{\square}{\square} = \frac{\square}{\square}$

❻ $\frac{1}{2} \div 2\frac{1}{8} = \frac{1}{2} \div \frac{\square}{8}$

$= \frac{1}{2} \times \frac{\square}{\square} = \frac{\square}{\square}$

❼ $\frac{2}{7} \div 2\frac{2}{5} = \frac{2}{7} \div \frac{\square}{5}$

$= \frac{2}{7} \times \frac{\square}{\square} = \frac{\square}{\square}$

❽ $\frac{2}{3} \div 2\frac{2}{7} = \frac{2}{3} \div \frac{\square}{7}$

$= \frac{2}{3} \times \frac{\square}{\square} = \frac{\square}{\square}$

❾ $\frac{7}{8} \div 1\frac{3}{7} = \frac{7}{8} \div \frac{\square}{7}$

$= \frac{7}{8} \times \frac{\square}{\square} = \frac{\square}{\square}$

❿ $\frac{1}{6} \div 1\frac{4}{9} = \frac{1}{6} \div \frac{\square}{9}$

$= \frac{1}{6} \times \frac{\square}{\square} = \frac{\square}{\square}$

정답 94쪽

공부한 날짜	맞힌 개수	걸린 시간
월 일	/31	분

계산을 하세요.

⑪ $\frac{4}{5} \div 1\frac{5}{9}$

⑫ $\frac{2}{3} \div 1\frac{8}{9}$

⑬ $\frac{1}{4} \div 2\frac{6}{7}$

⑭ $\frac{2}{5} \div 2\frac{2}{7}$

⑮ $\frac{5}{8} \div 1\frac{3}{4}$

⑯ $\frac{4}{5} \div 1\frac{7}{9}$

⑰ $\frac{1}{3} \div 2\frac{7}{9}$

⑱ $\frac{4}{7} \div 2\frac{4}{5}$

⑲ $\frac{5}{6} \div 2\frac{7}{9}$

⑳ $\frac{1}{8} \div 2\frac{1}{4}$

㉑ $\frac{1}{5} \div 1\frac{1}{7}$

㉒ $\frac{2}{9} \div 1\frac{3}{5}$

㉓ $\frac{3}{7} \div 2\frac{2}{5}$

㉔ $\frac{7}{8} \div 1\frac{1}{4}$

㉕ $\frac{1}{2} \div 1\frac{7}{9}$

㉖ $\frac{1}{3} \div 1\frac{1}{7}$

㉗ $\frac{3}{8} \div 2\frac{1}{3}$

㉘ $\frac{6}{7} \div 1\frac{5}{9}$

㉙ $\frac{2}{5} \div 2\frac{2}{9}$

㉚ $\frac{3}{4} \div 1\frac{4}{5}$

㉛ $\frac{1}{7} \div 1\frac{2}{9}$

11 (대분수)÷(진분수)

□ 안에 알맞은 수를 써넣으세요.

❶ $2\frac{2}{3} \div \frac{5}{9} = \frac{\square}{3} \div \frac{5}{9}$

$= \frac{\square}{9} \div \frac{\square}{9} = \square \div \square$

$= \frac{\square}{\square} = \square$

❷ $1\frac{2}{7} \div \frac{1}{3} = \frac{\square}{7} \div \frac{1}{3}$

$= \frac{\square}{21} \div \frac{\square}{21} = \square \div \square$

$= \frac{\square}{\square} = \square$

❸ $1\frac{3}{7} \div \frac{8}{9} = \frac{\square}{7} \div \frac{8}{9}$

$= \frac{\square}{63} \div \frac{\square}{63} = \square \div \square$

$= \frac{\square}{\square} = \square$

❹ $2\frac{1}{7} \div \frac{1}{2} = \frac{\square}{7} \div \frac{1}{2}$

$= \frac{\square}{14} \div \frac{\square}{14} = \square \div \square$

$= \frac{\square}{\square} = \square$

❺ $1\frac{1}{3} \div \frac{2}{7} = \frac{\square}{3} \div \frac{2}{7}$

$= \frac{\square}{21} \div \frac{\square}{21} = \square \div \square$

$= \frac{\square}{\square} = \square$

❻ $2\frac{1}{5} \div \frac{4}{7} = \frac{\square}{5} \div \frac{4}{7}$

$= \frac{\square}{35} \div \frac{\square}{35} = \square \div \square$

$= \frac{\square}{\square} = \square$

❼ $2\frac{2}{3} \div \frac{3}{5} = \frac{\square}{3} \div \frac{3}{5}$

$= \frac{\square}{15} \div \frac{\square}{15} = \square \div \square$

$= \frac{\square}{\square} = \square$

❽ $1\frac{2}{9} \div \frac{1}{8} = \frac{\square}{9} \div \frac{1}{8}$

$= \frac{\square}{72} \div \frac{\square}{72} = \square \div \square$

$= \frac{\square}{\square} = \square$

정답 94쪽

공부한 날짜	맞힌 개수	걸린 시간
월 일	/29	분

계산을 하세요.

⑨ $1\frac{4}{5} \div \frac{1}{9}$

⑩ $2\frac{2}{9} \div \frac{5}{8}$

⑪ $1\frac{1}{4} \div \frac{5}{7}$

⑫ $2\frac{1}{8} \div \frac{5}{8}$

⑬ $1\frac{5}{6} \div \frac{1}{7}$

⑭ $1\frac{1}{8} \div \frac{3}{5}$

⑮ $1\frac{1}{8} \div \frac{1}{12}$

⑯ $1\frac{7}{9} \div \frac{4}{5}$

⑰ $2\frac{2}{3} \div \frac{8}{9}$

⑱ $1\frac{1}{8} \div \frac{3}{4}$

⑲ $1\frac{1}{3} \div \frac{1}{8}$

⑳ $2\frac{4}{9} \div \frac{2}{5}$

㉑ $2\frac{4}{7} \div \frac{4}{7}$

㉒ $2\frac{5}{8} \div \frac{3}{7}$

㉓ $1\frac{5}{7} \div \frac{4}{9}$

㉔ $2\frac{7}{9} \div \frac{5}{6}$

㉕ $1\frac{5}{6} \div \frac{3}{8}$

㉖ $1\frac{7}{8} \div \frac{5}{16}$

㉗ $1\frac{1}{8} \div \frac{7}{9}$

㉘ $1\frac{2}{5} \div \frac{5}{6}$

㉙ $1\frac{3}{8} \div \frac{5}{8}$

12 (대분수)÷(진분수)

□ 안에 알맞은 수를 써넣으세요.

❶ $1\frac{5}{9} \div \frac{7}{8} = \frac{\square}{9} \div \frac{7}{8}$

$= \frac{\square}{\square} \times \frac{\square}{\square} = \frac{\square}{\square} = \square$

대분수를 가분수로 바꾼 후 곱셈으로 계산해요.

❷ $1\frac{7}{8} \div \frac{2}{3} = \frac{\square}{8} \div \frac{2}{3}$

$= \frac{\square}{\square} \times \frac{\square}{\square} = \frac{\square}{\square} = \square$

❸ $1\frac{1}{4} \div \frac{5}{9} = \frac{\square}{4} \div \frac{5}{9}$

$= \frac{\square}{\square} \times \frac{\square}{\square} = \frac{\square}{\square} = \square$

❹ $1\frac{3}{4} \div \frac{5}{6} = \frac{\square}{4} \div \frac{5}{6}$

$= \frac{\square}{\square} \times \frac{\square}{\square} = \frac{\square}{\square} = \square$

❺ $2\frac{2}{3} \div \frac{4}{7} = \frac{\square}{3} \div \frac{4}{7}$

$= \frac{\square}{\square} \times \frac{\square}{\square} = \frac{\square}{\square} = \square$

❻ $1\frac{1}{8} \div \frac{3}{5} = \frac{\square}{8} \div \frac{3}{5}$

$= \frac{\square}{\square} \times \frac{\square}{\square} = \frac{\square}{\square} = \square$

❼ $1\frac{1}{3} \div \frac{3}{8} = \frac{\square}{3} \div \frac{3}{8}$

$= \frac{\square}{\square} \times \frac{\square}{\square} = \frac{\square}{\square} = \square$

❽ $1\frac{1}{5} \div \frac{3}{4} = \frac{\square}{5} \div \frac{3}{4}$

$= \frac{\square}{\square} \times \frac{\square}{\square} = \frac{\square}{\square} = \square$

❾ $1\frac{7}{9} \div \frac{4}{7} = \frac{\square}{9} \div \frac{4}{7}$

$= \frac{\square}{\square} \times \frac{\square}{\square} = \frac{\square}{\square} = \square$

❿ $1\frac{3}{8} \div \frac{5}{16} = \frac{\square}{8} \div \frac{5}{16}$

$= \frac{\square}{\square} \times \frac{\square}{\square} = \frac{\square}{\square} = \square$

정답 94쪽

공부한 날짜	맞힌 개수	걸린 시간
월 일	/31	분

계산을 하세요.

⑪ $2\frac{7}{9} \div \frac{5}{6}$

⑫ $1\frac{3}{4} \div \frac{7}{9}$

⑬ $1\frac{7}{9} \div \frac{2}{5}$

⑭ $2\frac{1}{8} \div \frac{1}{8}$

⑮ $1\frac{7}{9} \div \frac{6}{7}$

⑯ $1\frac{7}{8} \div \frac{1}{2}$

⑰ $2\frac{7}{9} \div \frac{5}{8}$

⑱ $1\frac{1}{4} \div \frac{1}{8}$

⑲ $1\frac{1}{9} \div \frac{5}{6}$

⑳ $2\frac{2}{3} \div \frac{7}{8}$

㉑ $1\frac{1}{3} \div \frac{1}{6}$

㉒ $1\frac{2}{5} \div \frac{2}{7}$

㉓ $2\frac{7}{8} \div \frac{3}{8}$

㉔ $2\frac{4}{9} \div \frac{2}{7}$

㉕ $2\frac{1}{8} \div \frac{3}{4}$

㉖ $2\frac{2}{3} \div \frac{6}{7}$

㉗ $2\frac{4}{7} \div \frac{9}{10}$

㉘ $1\frac{3}{5} \div \frac{8}{9}$

㉙ $1\frac{2}{7} \div \frac{2}{9}$

㉚ $2\frac{4}{9} \div \frac{2}{9}$

㉛ $1\frac{4}{9} \div \frac{2}{3}$

13 (대분수)÷(대분수)

□ 안에 알맞은 수를 써넣으세요.

❶ $1\frac{5}{7} \div 1\frac{1}{2} = \frac{\square}{7} \div \frac{\square}{2}$
$= \frac{\square}{14} \div \frac{\square}{14} = \frac{\square}{\square} = \square$

❷ $1\frac{1}{8} \div 2\frac{1}{3} = \frac{\square}{8} \div \frac{\square}{3}$
$= \frac{\square}{24} \div \frac{\square}{24} = \frac{\square}{\square}$

❸ $1\frac{1}{4} \div 1\frac{3}{8} = \frac{\square}{4} \div \frac{\square}{8}$
$= \frac{\square}{8} \div \frac{\square}{8} = \frac{\square}{\square}$

❹ $2\frac{2}{3} \div 1\frac{1}{4} = \frac{\square}{3} \div \frac{\square}{4}$
$= \frac{\square}{12} \div \frac{\square}{12} = \frac{\square}{\square} = \square$

❺ $1\frac{2}{9} \div 1\frac{3}{7} = \frac{\square}{9} \div \frac{\square}{7}$
$= \frac{\square}{63} \div \frac{\square}{63} = \frac{\square}{\square}$

❻ $1\frac{4}{5} \div 1\frac{2}{3} = \frac{\square}{5} \div \frac{\square}{3}$
$= \frac{\square}{15} \div \frac{\square}{15} = \frac{\square}{\square} = \square$

❼ $1\frac{1}{8} \div 1\frac{3}{7} = \frac{\square}{8} \div \frac{\square}{7}$
$= \frac{\square}{56} \div \frac{\square}{56} = \frac{\square}{\square}$

❽ $1\frac{1}{7} \div 1\frac{3}{8} = \frac{\square}{7} \div \frac{\square}{8}$
$= \frac{\square}{56} \div \frac{\square}{56} = \frac{\square}{\square}$

❾ $1\frac{2}{7} \div 1\frac{3}{4} = \frac{\square}{7} \div \frac{\square}{4}$
$= \frac{\square}{28} \div \frac{\square}{28} = \frac{\square}{\square}$

❿ $2\frac{3}{4} \div 2\frac{1}{2} = \frac{\square}{4} \div \frac{\square}{2}$
$= \frac{\square}{4} \div \frac{\square}{4} = \frac{\square}{\square} = \square$

정답 95쪽

공부한 날짜	맞힌 개수	걸린 시간
월 일	/31	분

계산을 하세요.

⑪ $1\frac{3}{8} \div 1\frac{7}{8}$

⑫ $1\frac{1}{2} \div 1\frac{3}{4}$

⑬ $5\frac{5}{9} \div 2\frac{1}{2}$

⑭ $1\frac{1}{7} \div 1\frac{3}{4}$

⑮ $1\frac{1}{6} \div 1\frac{7}{8}$

⑯ $2\frac{1}{6} \div 2\frac{3}{5}$

⑰ $2\frac{1}{3} \div 2\frac{7}{9}$

⑱ $1\frac{4}{5} \div 1\frac{2}{7}$

⑲ $1\frac{3}{7} \div 1\frac{1}{4}$

⑳ $1\frac{3}{5} \div 1\frac{7}{9}$

㉑ $1\frac{1}{3} \div 1\frac{2}{9}$

㉒ $1\frac{5}{6} \div 2\frac{2}{9}$

㉓ $1\frac{3}{7} \div 2\frac{4}{9}$

㉔ $2\frac{1}{8} \div 1\frac{3}{4}$

㉕ $1\frac{1}{4} \div 1\frac{1}{8}$

㉖ $2\frac{4}{7} \div 1\frac{4}{5}$

㉗ $2\frac{1}{5} \div 1\frac{2}{9}$

㉘ $1\frac{5}{9} \div 1\frac{3}{7}$

㉙ $1\frac{3}{5} \div 1\frac{3}{7}$

㉚ $1\frac{3}{4} \div 2\frac{2}{3}$

㉛ $1\frac{6}{7} \div 2\frac{8}{9}$

14 (대분수)÷(대분수)

□ 안에 알맞은 수를 써넣으세요.

① $1\frac{1}{8} \div 1\frac{1}{3} = \frac{\square}{8} \div \frac{\square}{3}$

$= \frac{\square}{\square} \times \frac{\square}{\square} = \frac{\square}{\square}$

② $1\frac{1}{5} \div 1\frac{1}{7} = \frac{\square}{5} \div \frac{\square}{7}$

$= \frac{\square}{\square} \times \frac{\square}{\square} = \frac{\square}{\square} = \square$

③ $1\frac{8}{9} \div 1\frac{1}{6} = \frac{\square}{9} \div \frac{\square}{6}$

$= \frac{\square}{\square} \times \frac{\square}{\square} = \frac{\square}{\square} = \square$

④ $1\frac{1}{2} \div 1\frac{2}{9} = \frac{\square}{2} \div \frac{\square}{9}$

$= \frac{\square}{\square} \times \frac{\square}{\square} = \frac{\square}{\square} = \square$

⑤ $1\frac{1}{5} \div 1\frac{3}{10} = \frac{\square}{5} \div \frac{\square}{10}$

$= \frac{\square}{\square} \times \frac{\square}{\square} = \frac{\square}{\square}$

⑥ $1\frac{7}{8} \div 1\frac{1}{6} = \frac{\square}{8} \div \frac{\square}{6}$

$= \frac{\square}{\square} \times \frac{\square}{\square} = \frac{\square}{\square} = \square$

⑦ $1\frac{2}{3} \div 1\frac{4}{9} = \frac{\square}{3} \div \frac{\square}{9}$

$= \frac{\square}{\square} \times \frac{\square}{\square} = \frac{\square}{\square} = \square$

⑧ $1\frac{1}{4} \div 2\frac{1}{7} = \frac{\square}{4} \div \frac{\square}{7}$

$= \frac{\square}{\square} \times \frac{\square}{\square} = \frac{\square}{\square}$

⑨ $1\frac{3}{5} \div 1\frac{5}{9} = \frac{\square}{5} \div \frac{\square}{9}$

$= \frac{\square}{\square} \times \frac{\square}{\square} = \frac{\square}{\square} = \square$

⑩ $1\frac{2}{7} \div 1\frac{4}{5} = \frac{\square}{7} \div \frac{\square}{5}$

$= \frac{\square}{\square} \times \frac{\square}{\square} = \frac{\square}{\square}$

정답 95쪽

공부한 날짜	맞힌 개수	걸린 시간
월 일	/31	분

계산을 하세요.

⑪ $2\frac{3}{7} \div 2\frac{5}{6}$

⑫ $1\frac{7}{9} \div 1\frac{5}{7}$

⑬ $1\frac{2}{3} \div 2\frac{2}{5}$

⑭ $1\frac{5}{6} \div 1\frac{1}{3}$

⑮ $2\frac{1}{5} \div 1\frac{1}{10}$

⑯ $1\frac{3}{8} \div 1\frac{4}{7}$

⑰ $1\frac{2}{5} \div 2\frac{3}{5}$

⑱ $1\frac{1}{5} \div 1\frac{1}{2}$

⑲ $1\frac{4}{5} \div 1\frac{1}{8}$

⑳ $2\frac{1}{7} \div 1\frac{2}{3}$

㉑ $1\frac{1}{2} \div 2\frac{2}{3}$

㉒ $1\frac{5}{9} \div 1\frac{2}{5}$

㉓ $1\frac{1}{4} \div 1\frac{3}{5}$

㉔ $2\frac{6}{7} \div 1\frac{1}{9}$

㉕ $2\frac{2}{9} \div 1\frac{2}{3}$

㉖ $2\frac{2}{3} \div 1\frac{5}{6}$

㉗ $1\frac{1}{8} \div 1\frac{1}{4}$

㉘ $1\frac{2}{5} \div 1\frac{3}{7}$

㉙ $1\frac{1}{6} \div 2\frac{1}{8}$

㉚ $1\frac{1}{3} \div 1\frac{3}{4}$

㉛ $1\frac{1}{9} \div 2\frac{1}{3}$

01 (소수 한 자리 수)÷(소수 한 자리 수)

□ 안에 알맞은 수를 써넣으세요.

❶ 91.8 ÷ 0.2 = 459

↓10배 ↓10배

□ ÷ □ = □

나누는 수와 나누어지는 수를 똑같이 10배 하여 계산해요.

❷ 87.9 ÷ 0.3 = 293

↓10배 ↓10배

□ ÷ □ = □

❸ 66.8 ÷ 0.2 = 334

↓10배 ↓10배

□ ÷ □ = □

❹ 70.8 ÷ 0.2 = 354

↓10배 ↓10배

□ ÷ □ = □

❺ 54.8 ÷ 0.2 = 274

↓10배 ↓10배

□ ÷ □ = □

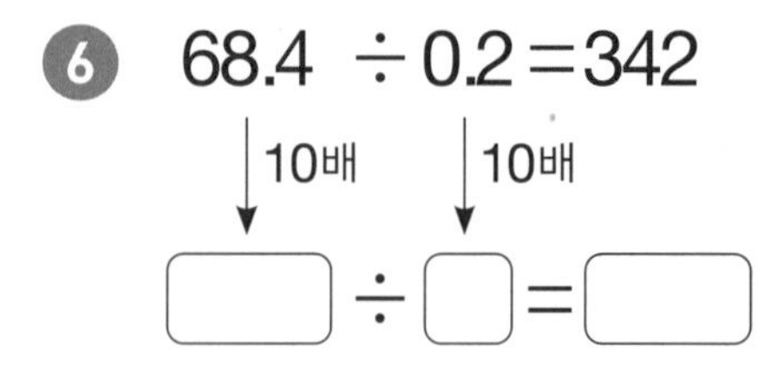

❻ 68.4 ÷ 0.2 = 342

↓10배 ↓10배

□ ÷ □ = □

❼ 79.4 ÷ 0.2 = 397

↓10배 ↓10배

□ ÷ □ = □

❽ 75.3 ÷ 0.3 = 251

↓10배 ↓10배

□ ÷ □ = □

❾ 65.1 ÷ 0.3 = 217

↓10배 ↓10배

□ ÷ □ = □

❿ 84.8 ÷ 0.2 = 424

↓10배 ↓10배

□ ÷ □ = □

정답 96쪽

공부한 날짜	맞힌 개수	걸린 시간
월 일	/31	분

나눗셈을 하세요.

⑪ $63.6 \div 0.2$

⑫ $82.2 \div 0.2$

⑬ $87.8 \div 0.2$

⑭ $41.2 \div 0.2$

⑮ $71.4 \div 0.2$

⑯ $52.2 \div 0.2$

⑰ $80.4 \div 0.2$

⑱ $654 \div 0.2$

⑲ $85.2 \div 0.3$

⑳ $68.8 \div 0.2$

㉑ $99.2 \div 0.4$

㉒ $89.2 \div 0.2$

㉓ $50.8 \div 0.2$

㉔ $69.3 \div 0.3$

㉕ $95.6 \div 0.2$

㉖ $76.4 \div 0.2$

㉗ $47.8 \div 0.2$

㉘ $77.7 \div 0.3$

㉙ $92.8 \div 0.4$

㉚ $98.6 \div 0.2$

㉛ $72.4 \div 0.2$

02 (소수 한 자리 수)÷(소수 한 자리 수)

□ 안에 알맞은 수를 써넣으세요.

1. $65.8 \div 0.2 = \frac{\square}{10} \div \frac{\square}{10}$
$= \square \div \square = \square$
분수의 나눗셈으로 바꾸어 계산해요.

2. $66.3 \div 0.3 = \frac{\square}{10} \div \frac{\square}{10}$
$= \square \div \square = \square$

3. $69.6 \div 0.2 = \frac{\square}{10} \div \frac{\square}{10}$
$= \square \div \square = \square$

4. $55.2 \div 0.2 = \frac{\square}{10} \div \frac{\square}{10}$
$= \square \div \square = \square$

5. $82.4 \div 0.2 = \frac{\square}{10} \div \frac{\square}{10}$
$= \square \div \square = \square$

6. $49.8 \div 0.2 = \frac{\square}{10} \div \frac{\square}{10}$
$= \square \div \square = \square$

7. $45.8 \div 0.2 = \frac{\square}{10} \div \frac{\square}{10}$
$= \square \div \square = \square$

8. $78.8 \div 0.2 = \frac{\square}{10} \div \frac{\square}{10}$
$= \square \div \square = \square$

9. $58.4 \div 0.2 = \frac{\square}{10} \div \frac{\square}{10}$
$= \square \div \square = \square$

10. $92.8 \div 0.2 = \frac{\square}{10} \div \frac{\square}{10}$
$= \square \div \square = \square$

11. $72.2 \div 0.2 = \frac{\square}{10} \div \frac{\square}{10}$
$= \square \div \square = \square$

12. $78.6 \div 0.3 = \frac{\square}{10} \div \frac{\square}{10}$
$= \square \div \square = \square$

정답 96쪽

공부한 날짜	맞힌 개수	걸린 시간
월 일	/33	분

나눗셈을 하세요.

⑬ $73.4 \div 0.2$

⑭ $79.8 \div 0.3$

⑮ $86.2 \div 0.2$

⑯ $44.6 \div 0.2$

⑰ $56.6 \div 0.2$

⑱ $61.2 \div 0.3$

⑲ $75.9 \div 0.3$

⑳ $57.4 \div 0.2$

㉑ $67.8 \div 0.2$

㉒ $59.6 \div 0.2$

㉓ $97.8 \div 0.3$

㉔ $92.2 \div 0.2$

㉕ $95.2 \div 0.4$

㉖ $93.3 \div 0.3$

㉗ $81.2 \div 0.2$

㉘ $64.2 \div 0.3$

㉙ $68.6 \div 0.2$

㉚ $7.41 \div 0.3$

㉛ $5.12 \div 0.2$

㉜ $88.6 \div 0.2$

㉝ $56.2 \div 0.2$

03 (소수 한 자리 수)÷(소수 한 자리 수)

□ 안에 알맞은 수를 써넣으세요.

❶ 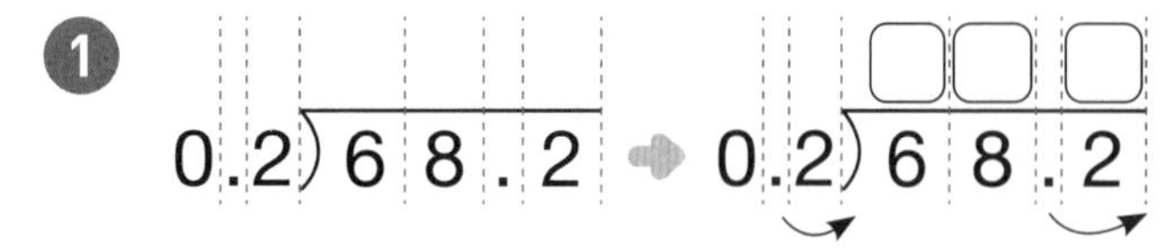
$0.2\overline{)68.2} \rightarrow 0.2\overline{)68.2}$ □□.□

나누는 수와 나누어지는 수의 소수점을 각각 한 자리씩 옮겨 계산해요.

❷ $0.3\overline{)82.5} \rightarrow 0.3\overline{)82.5}$ □□.□

❸ $0.2\overline{)84.6} \rightarrow 0.2\overline{)84.6}$ □□.□

❹ $0.2\overline{)50.4} \rightarrow 0.2\overline{)50.4}$ □□.□

❺ $0.4\overline{)87.2} \rightarrow 0.4\overline{)87.2}$ □□.□

❻ $0.2\overline{)64.6} \rightarrow 0.2\overline{)64.6}$ □□.□

❼ 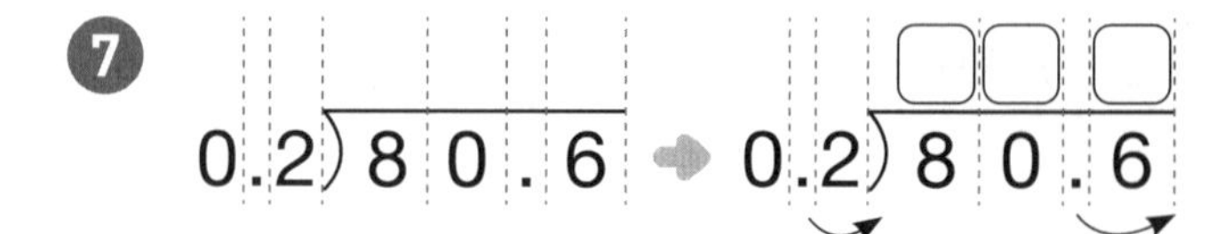
$0.2\overline{)80.6} \rightarrow 0.2\overline{)80.6}$ □□.□

❽ 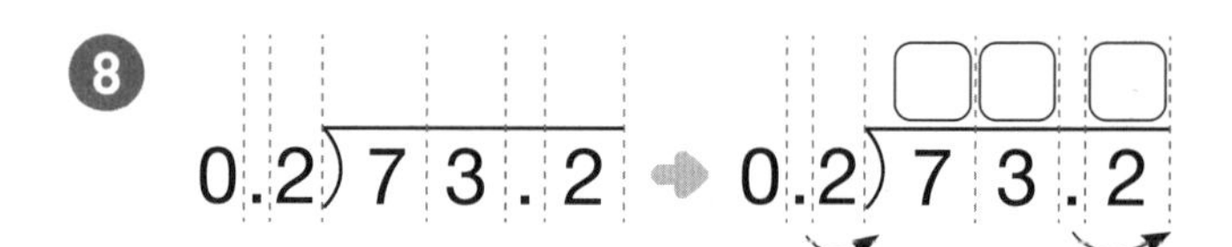
$0.2\overline{)73.2} \rightarrow 0.2\overline{)73.2}$ □□.□

❾ 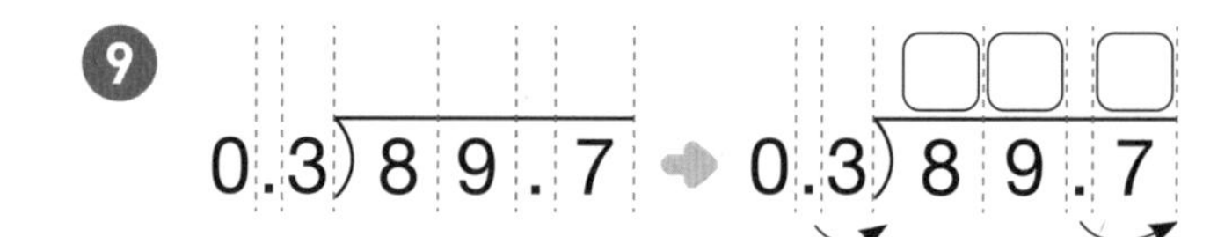
$0.3\overline{)89.7} \rightarrow 0.3\overline{)89.7}$ □□.□

❿ 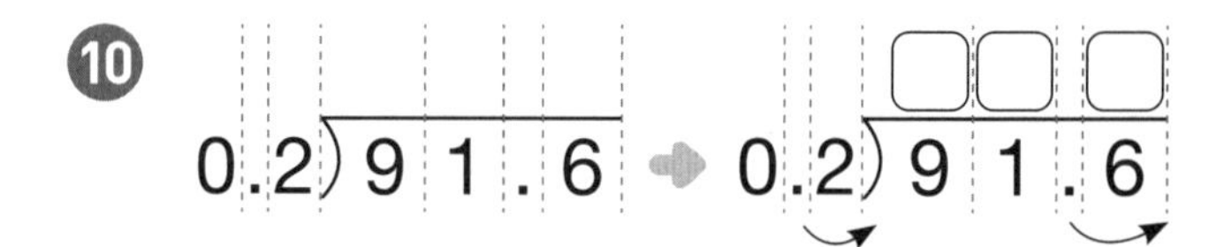
$0.2\overline{)91.6} \rightarrow 0.2\overline{)91.6}$ □□.□

⓫ $0.2\overline{)88.2} \rightarrow 0.2\overline{)88.2}$ □□.□

⓬ 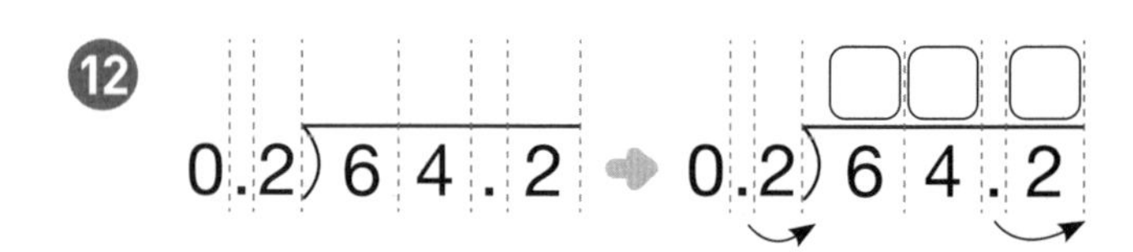
$0.2\overline{)64.2} \rightarrow 0.2\overline{)64.2}$ □□.□

정답 96쪽

공부한 날짜	맞힌 개수	걸린 시간
월 일	/30	분

나눗셈을 하세요.

⑬ $0.2\overline{)85.6}$

⑭ $0.4\overline{)91.2}$

⑮ $0.2\overline{)71.6}$

⑯ $0.2\overline{)81.8}$

⑰ $0.2\overline{)88.8}$

⑱ $0.2\overline{)96.2}$

⑲ $0.2\overline{)96.6}$

⑳ $0.2\overline{)79.2}$

㉑ $0.3\overline{)81.9}$

㉒ $0.2\overline{)89.4}$

㉓ $0.2\overline{)76.2}$

㉔ $0.2\overline{)55.6}$

㉕ $0.2\overline{)70.6}$

㉖ $0.2\overline{)93.6}$

㉗ $0.3\overline{)73.2}$

㉘ $0.2\overline{)57.8}$

㉙ $0.3\overline{)98.4}$

㉚ $0.3\overline{)99.3}$

04 (소수 두 자리 수)÷(소수 두 자리 수)

□ 안에 알맞은 수를 써넣으세요.

❶ 4.59 ÷ 0.27 = 17

↓100배 ↓100배

□ ÷ □ = □

나누는 수와 나누어지는 수를 똑같이 100배 하여 계산해요.

❷ 6.72 ÷ 0.48 = 14

↓100배 ↓100배

□ ÷ □ = □

❸ 4.62 ÷ 0.14 = 33

↓100배 ↓100배

□ ÷ □ = □

❹ 9.57 ÷ 0.11 = 87

↓100배 ↓100배

□ ÷ □ = □

❺ 4.75 ÷ 0.19 = 25

↓100배 ↓100배

□ ÷ □ = □

❻ 7.41 ÷ 0.39 = 19

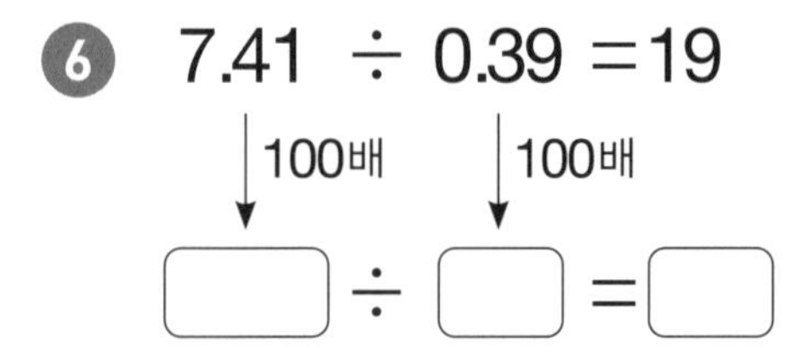

↓100배 ↓100배

□ ÷ □ = □

❼ 7.92 ÷ 0.36 = 22

↓100배 ↓100배

□ ÷ □ = □

❽ 5.78 ÷ 0.34 = 17

↓100배 ↓100배

□ ÷ □ = □

❾ 8.28 ÷ 0.46 = 18

↓100배 ↓100배

□ ÷ □ = □

❿ 6.96 ÷ 0.29 = 24

↓100배 ↓100배

□ ÷ □ = □

정답 96쪽

공부한 날짜	맞힌 개수	걸린 시간
월 일	/31	분

나눗셈을 하세요.

⑪ $3.08 \div 0.28$

⑫ $7.95 \div 0.15$

⑬ $8.33 \div 0.49$

⑭ $7.74 \div 0.18$

⑮ $6.66 \div 0.37$

⑯ $5.13 \div 0.19$

⑰ $7.56 \div 0.28$

⑱ $9.48 \div 0.12$

⑲ $9.36 \div 0.13$

⑳ $5.04 \div 0.14$

㉑ $7.35 \div 0.35$

㉒ $9.36 \div 0.24$

㉓ $9.35 \div 0.11$

㉔ $7.48 \div 0.34$

㉕ $6.24 \div 0.39$

㉖ $9.52 \div 0.34$

㉗ $7.92 \div 0.24$

㉘ $3.23 \div 0.17$

㉙ $9.92 \div 0.16$

㉚ $7.05 \div 0.47$

㉛ $2.08 \div 0.16$

05 (소수 두 자리 수)÷(소수 두 자리 수)

□ 안에 알맞은 수를 써넣으세요.

❶ $5.95 \div 0.35 = \frac{\square}{100} \div \frac{\square}{100} = \square \div \square = \square$

❷ $8.64 \div 0.48 = \frac{\square}{100} \div \frac{\square}{100} = \square \div \square = \square$

❸ $4.56 \div 0.19 = \frac{\square}{100} \div \frac{\square}{100} = \square \div \square = \square$

❹ $4.08 \div 0.24 = \frac{\square}{100} \div \frac{\square}{100} = \square \div \square = \square$

❺ $8.55 \div 0.15 = \frac{\square}{100} \div \frac{\square}{100} = \square \div \square = \square$

❻ $4.68 \div 0.39 = \frac{\square}{100} \div \frac{\square}{100} = \square \div \square = \square$

❼ $2.38 \div 0.17 = \frac{\square}{100} \div \frac{\square}{100} = \square \div \square = \square$

❽ $4.32 \div 0.27 = \frac{\square}{100} \div \frac{\square}{100} = \square \div \square = \square$

❾ $6.29 \div 0.37 = \frac{\square}{100} \div \frac{\square}{100} = \square \div \square = \square$

❿ $4.42 \div 0.34 = \frac{\square}{100} \div \frac{\square}{100} = \square \div \square = \square$

⓫ $5.98 \div 0.46 = \frac{\square}{100} \div \frac{\square}{100} = \square \div \square = \square$

⓬ $8.41 \div 0.29 = \frac{\square}{100} \div \frac{\square}{100} = \square \div \square = \square$

정답 97쪽

공부한 날짜	맞힌 개수	걸린 시간
월 일	/33	분

나눗셈을 하세요.

⑬ $8.58 \div 0.39$

⑳ $7.68 \div 0.24$

㉗ $6.37 \div 0.49$

⑭ $3.84 \div 0.16$

㉑ $4.55 \div 0.35$

㉘ $4.03 \div 0.13$

⑮ $8.46 \div 0.47$

㉒ $9.68 \div 0.11$

㉙ $3.85 \div 0.35$

⑯ $7.92 \div 0.18$

㉓ $5.07 \div 0.39$

㉚ $8.74 \div 0.46$

⑰ $5.32 \div 0.38$

㉔ $6.67 \div 0.23$

㉛ $4.94 \div 0.19$

⑱ $4.86 \div 0.27$

㉕ $6.24 \div 0.48$

㉜ $7.25 \div 0.29$

⑲ $6.58 \div 0.47$

㉖ $6.63 \div 0.39$

㉝ $7.02 \div 0.39$

06 (소수 두 자리 수)÷(소수 두 자리 수)

□ 안에 알맞은 수를 써넣으세요.

1 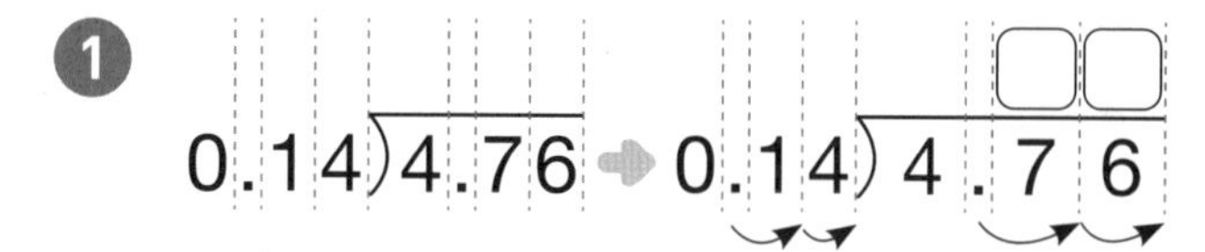

0.14)4.76 ➡ 0.14)4.76 □□

나누는 수와 나누어지는 수의 소수점을 각각 두 자리씩 옮겨 계산해요.

2 0.33)9.57 ➡ 0.33)9.57 □□

3 0.19)8.74 ➡ 0.19)8.74 □□

4 0.48)7.68 ➡ 0.48)7.68 □□

5 0.27)4.05 ➡ 0.27)4.05 □□

6 0.46)7.82 ➡ 0.46)7.82 □□

7 0.24)9.12 ➡ 0.24)9.12 □□

8 0.12)9.12 ➡ 0.12)9.12 □□

9 0.38)6.08 ➡ 0.38)6.08 □□

10 0.48)9.12 ➡ 0.48)9.12 □□

➲ 정답 97쪽

공부한 날짜	맞힌 개수	걸린 시간
월 일	/25	분

나눗셈을 하세요.

⑪ $0.34\overline{)6.46}$

⑯ $0.13\overline{)9.23}$

㉑ $0.49\overline{)7.84}$

⑫ $0.49\overline{)9.31}$

⑰ $0.28\overline{)7.84}$

㉒ $0.49\overline{)5.88}$

⑬ $0.29\overline{)6.67}$

⑱ $0.16\overline{)1.92}$

㉓ $0.47\overline{)9.87}$

⑭ $0.18\overline{)8.28}$

⑲ $0.36\overline{)5.04}$

㉔ $0.16\overline{)3.68}$

⑮ $0.48\overline{)5.76}$

⑳ $0.27\overline{)5.67}$

㉕ $0.37\overline{)7.03}$

07 (소수 두 자리 수)÷(소수 한 자리 수)

□ 안에 알맞은 수를 써넣으세요.

❶ 3.12 ÷ 2.6 = 1.2

↓10배 ↓10배

□ ÷ □ = □

나누는 수와 나누어지는 수를 똑같이 10배 하여 계산해요.

❷ 5.78 ÷ 3.4 = 1.7

↓10배 ↓10배

□ ÷ □ = □

❸ 7.52 ÷ 4.7 = 1.6

↓10배 ↓10배

□ ÷ □ = □

❹ 8.71 ÷ 1.3 = 6.7

↓10배 ↓10배

□ ÷ □ = □

❺ 4.56 ÷ 3.8 = 1.2

↓10배 ↓10배

□ ÷ □ = □

❻ 7.36 ÷ 4.6 = 1.6

↓10배 ↓10배

□ ÷ □ = □

❼ 9.72 ÷ 1.2 = 8.1

↓10배 ↓10배

□ ÷ □ = □

❽ 8.41 ÷ 2.9 = 2.9

↓10배 ↓10배

□ ÷ □ = □

❾ 8.93 ÷ 4.7 = 1.9

↓10배 ↓10배

□ ÷ □ = □

❿ 2.38 ÷ 1.7 = 1.4

↓10배 ↓10배

□ ÷ □ = □

정답 97쪽

공부한 날짜	맞힌 개수	걸린 시간
월 일	/31	분

나눗셈을 하세요.

⑪ $7.13 \div 2.3$

⑫ $5.13 \div 1.9$

⑬ $9.76 \div 1.6$

⑭ $5.04 \div 3.6$

⑮ $6.66 \div 3.7$

⑯ $5.13 \div 2.7$

⑰ $5.64 \div 4.7$

⑱ $7.99 \div 4.7$

⑲ $5.95 \div 3.5$

⑳ $5.88 \div 4.9$

㉑ $9.36 \div 1.3$

㉒ $7.83 \div 2.9$

㉓ $8.33 \div 4.9$

㉔ $5.32 \div 1.4$

㉕ $9.57 \div 1.1$

㉖ $4.59 \div 2.7$

㉗ $7.92 \div 1.8$

㉘ $7.41 \div 3.9$

㉙ $8.16 \div 3.4$

㉚ $9.24 \div 2.8$

㉛ $6.24 \div 3.9$

08 (소수 두 자리 수)÷(소수 한 자리 수)

□ 안에 알맞은 수를 써넣으세요.

❶

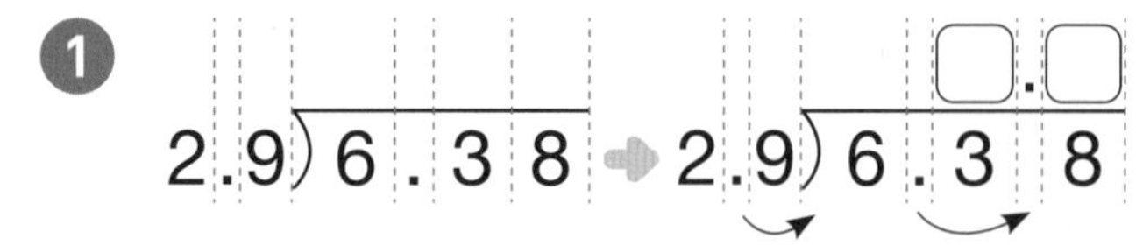

2.9)6.38 ➡ 2.9)6.3 8 → □.□

나누는 수와 나누어지는 수의 소수점을 각각 한 자리씩 옮겨 계산해요.

❷ 4.9)8.82 ➡ 4.9)8.8 2 → □.□

❸ 2.4)9.36 ➡ 2.4)9.3 6 → □.□

❹ 1.6)3.68 ➡ 1.6)3.6 8 → □.□

❺ 3.7)5.18 ➡ 3.7)5.1 8 → □.□

❻ 3.9)5.46 ➡ 3.9)5.4 6 → □.□

❼ 1.5)8.55 ➡ 1.5)8.5 5 → □.□

❽ 1.7)2.55 ➡ 1.7)2.5 5 → □.□

❾ 4.9)5.39 ➡ 4.9)5.3 9 → □.□

❿ 3.9)5.85 ➡ 3.9)5.8 5 → □.□

정답 97쪽

공부한 날짜	맞힌 개수	걸린 시간
월 일	/25	분

나눗셈을 하세요.

⑪ $2.8\overline{)8.96}$

⑫ $2.7\overline{)3.78}$

⑬ $4.6\overline{)7.82}$

⑭ $1.7\overline{)5.95}$

⑮ $3.7\overline{)5.55}$

⑯ $1.6\overline{)9.92}$

⑰ $4.7\overline{)8.46}$

⑱ $2.4\overline{)7.68}$

⑲ $3.3\overline{)9.57}$

⑳ $1.1\overline{)9.68}$

㉑ $3.4\overline{)6.46}$

㉒ $1.9\overline{)4.56}$

㉓ $3.8\overline{)7.98}$

㉔ $1.1\overline{)9.13}$

㉕ $4.6\overline{)6.44}$

09 (소수 두 자리 수)÷(소수 한 자리 수)

나눗셈을 하세요.

❶ $3.4\overline{)4.42}$

❷ $1.3\overline{)8.58}$

❸ $3.8\overline{)6.08}$

❹ $1.3\overline{)3.77}$

❺ $1.5\overline{)7.95}$

❻ $4.8\overline{)7.68}$

❼ $2.8\overline{)3.08}$

❽ $1.9\overline{)4.94}$

❾ $1.2\overline{)9.48}$

❿ $3.4\overline{)8.84}$

⓫ $1.6\overline{)2.08}$

⓬ $2.8\overline{)7.56}$

⓭ $1.9\overline{)8.74}$

⓮ $3.5\overline{)8.75}$

⓯ $4.9\overline{)9.31}$

정답 98쪽

공부한 날짜	맞힌 개수	걸린 시간
월 일	/30	분

나눗셈을 하세요.

⑯ $3.7\overline{)7.03}$

㉑ $4.8\overline{)8.64}$

㉖ $1.8\overline{)7.74}$

⑰ $1.8\overline{)8.46}$

㉒ $2.9\overline{)6.67}$

㉗ $3.6\overline{)7.92}$

⑱ $4.9\overline{)7.35}$

㉓ $1.7\overline{)3.06}$

㉘ $3.3\overline{)3.63}$

⑲ $2.9\overline{)7.54}$

㉔ $1.1\overline{)9.46}$

㉙ $4.8\overline{)6.24}$

⑳ $2.7\overline{)5.67}$

㉕ $3.9\overline{)7.02}$

㉚ $1.4\overline{)4.76}$

10 (자연수)÷(소수 한 자리 수)

□ 안에 알맞은 수를 써넣으세요.

❶ 11 ÷ 2.2 =5
↓10배 ↓10배
□ ÷ □ = □

나누는 수가 자연수가 되도록 11과 2.2에 각각 10씩 곱한 후 계산해요.

❷ 28 ÷ 5.6 =5
↓10배 ↓10배
□ ÷ □ = □

❸ 26 ÷ 6.5 =4
↓10배 ↓10배
□ ÷ □ = □

❹ 30 ÷ 7.5 =4
↓10배 ↓10배
□ ÷ □ = □

❺ 43 ÷ 8.6 =5
↓10배 ↓10배
□ ÷ □ = □

❻ 19 ÷ 3.8 =5
↓10배 ↓10배
□ ÷ □ = □

❼ 76 ÷ 9.5 =8
↓10배 ↓10배
□ ÷ □ = □

❽ 42 ÷ 8.4 =5
↓10배 ↓10배
□ ÷ □ = □

❾ 17 ÷ 3.4 =5
↓10배 ↓10배
□ ÷ □ = □

❿ 18 ÷ 4.5 =4
↓10배 ↓10배
□ ÷ □ = □

정답 98쪽

공부한 날짜	맞힌 개수	걸린 시간
월 일	/31	분

나눗셈을 하세요.

⑪ $19 \div 9.5$

⑫ $36 \div 4.5$

⑬ $31 \div 6.2$

⑭ $33 \div 5.5$

⑮ $49 \div 9.8$

⑯ $34 \div 6.8$

⑰ $37 \div 7.4$

⑱ $45 \div 7.5$

⑲ $44 \div 8.8$

⑳ $15 \div 2.5$

㉑ $28 \div 3.5$

㉒ $24 \div 4.8$

㉓ $14 \div 2.8$

㉔ $51 \div 8.5$

㉕ $15 \div 7.5$

㉖ $14 \div 3.5$

㉗ $41 \div 8.2$

㉘ $28 \div 3.5$

㉙ $38 \div 7.6$

㉚ $21 \div 4.2$

㉛ $44 \div 5.5$

11 (자연수)÷(소수 한 자리 수)

복습 B

◆ □ 안에 알맞은 수를 써넣으세요.

❶ $51 \div 8.5 = \frac{\square}{10} \div \frac{\square}{10}$
$= \square \div \square = \square$

나누어지는 수의 분모를 나누는 수의 분모와 같게 만들어 계산해요.

❷ $15 \div 2.5 = \frac{\square}{10} \div \frac{\square}{10}$
$= \square \div \square = \square$

❸ $11 \div 5.5 = \frac{\square}{10} \div \frac{\square}{10}$
$= \square \div \square = \square$

❹ $43 \div 8.6 = \frac{\square}{10} \div \frac{\square}{10}$
$= \square \div \square = \square$

❺ $60 \div 7.5 = \frac{\square}{10} \div \frac{\square}{10}$
$= \square \div \square = \square$

❻ $36 \div 7.2 = \frac{\square}{10} \div \frac{\square}{10}$
$= \square \div \square = \square$

❼ $19 \div 3.8 = \frac{\square}{10} \div \frac{\square}{10}$
$= \square \div \square = \square$

❽ $10 \div 2.5 = \frac{\square}{10} \div \frac{\square}{10}$
$= \square \div \square = \square$

❾ $28 \div 5.6 = \frac{\square}{10} \div \frac{\square}{10}$
$= \square \div \square = \square$

❿ $38 \div 9.5 = \frac{\square}{10} \div \frac{\square}{10}$
$= \square \div \square = \square$

⓫ $45 \div 7.5 = \frac{\square}{10} \div \frac{\square}{10}$
$= \square \div \square = \square$

⓬ $17 \div 3.4 = \frac{\square}{10} \div \frac{\square}{10}$
$= \square \div \square = \square$

정답 98쪽

공부한 날짜	맞힌 개수	걸린 시간
월 일	/33	분

나눗셈을 하세요.

⑬ $27 \div 4.5$

⑳ $17 \div 8.5$

㉗ $15 \div 7.5$

⑭ $49 \div 9.8$

㉑ $49 \div 9.8$

㉘ $14 \div 3.5$

⑮ $32 \div 6.4$

㉒ $46 \div 9.2$

㉙ $34 \div 6.8$

⑯ $23 \div 4.6$

㉓ $31 \div 6.2$

㉚ $39 \div 7.8$

⑰ $14 \div 2.8$

㉔ $44 \div 5.5$

㉛ $27 \div 5.4$

⑱ $52 \div 6.5$

㉕ $9 \div 4.5$

㉜ $12 \div 2.4$

⑲ $21 \div 4.2$

㉖ $22 \div 5.5$

㉝ $26 \div 6.5$

12 (자연수)÷(소수 한 자리 수) 복습 C

□ 안에 알맞은 수를 써넣으세요.

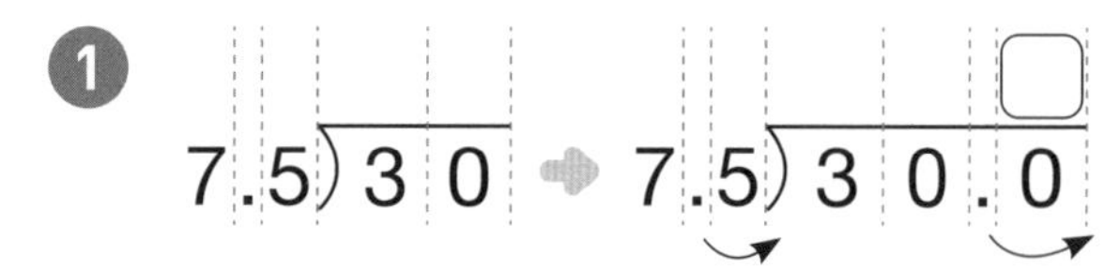

1. $7.5\overline{)30}$ ➡ $7.5\overline{)30.0}$ □

나누어지는 수의 오른쪽에 0을 하나 추가해서 계산해요.

2. $6.8\overline{)34}$ ➡ $6.8\overline{)34.0}$ □

3. $2.5\overline{)15}$ ➡ $2.5\overline{)15.0}$ □

4. $7.2\overline{)36}$ ➡ $7.2\overline{)36.0}$ □

5. $3.5\overline{)14}$ ➡ $3.5\overline{)14.0}$ □

6. $9.5\overline{)19}$ ➡ $9.5\overline{)19.0}$ □

7. $4.5\overline{)36}$ ➡ $4.5\overline{)36.0}$ □

8. $9.4\overline{)47}$ ➡ $9.4\overline{)47.0}$ □

9. $5.5\overline{)22}$ ➡ $5.5\overline{)22.0}$ □

10. $8.5\overline{)34}$ ➡ $8.5\overline{)34.0}$ □

정답 98쪽

공부한 날짜	맞힌 개수	걸린 시간
월 일	/25	분

나눗셈을 하세요.

⑪ $3.8\overline{)19}$

⑫ $9.8\overline{)49}$

⑬ $7.5\overline{)45}$

⑭ $7.8\overline{)39}$

⑮ $8.8\overline{)44}$

⑯ $7.6\overline{)38}$

⑰ $6.4\overline{)32}$

⑱ $4.5\overline{)27}$

⑲ $5.5\overline{)33}$

⑳ $6.5\overline{)26}$

㉑ $4.4\overline{)22}$

㉒ $2.8\overline{)14}$

㉓ $9.5\overline{)38}$

㉔ $2.2\overline{)11}$

㉕ $3.6\overline{)18}$

13 (자연수)÷(소수 두 자리 수)

□ 안에 알맞은 수를 써넣으세요.

1 63 ÷ 1.26 = 50
↓100배 ↓100배
□ ÷ □ = □

나누는 수와 나누어지는 수를 각각 100배 하여 계산해요.

2 114 ÷ 2.28 = 50
↓100배 ↓100배
□ ÷ □ = □

3 147 ÷ 2.45 = 60
↓100배 ↓100배
□ ÷ □ = □

4 159 ÷ 3.18 = 50
↓100배 ↓100배
□ ÷ □ = □

5 156 ÷ 1.95 = 80
↓100배 ↓100배
□ ÷ □ = □

6 178 ÷ 3.56 = 50
↓100배 ↓100배
□ ÷ □ = □

7 73 ÷ 1.46 = 50
↓100배 ↓100배
□ ÷ □ = □

8 140 ÷ 1.75 = 80
↓100배 ↓100배
□ ÷ □ = □

9 171 ÷ 2.85 = 60
↓100배 ↓100배
□ ÷ □ = □

10 138 ÷ 3.45 = 40
↓100배 ↓100배
□ ÷ □ = □

정답 99쪽

공부한 날짜	맞힌 개수	걸린 시간
월 일	/31	분

나눗셈을 하세요.

⑪ $165 \div 2.75$

⑫ $66 \div 1.32$

⑬ $308 \div 3.85$

⑭ $111 \div 2.22$

⑮ $133 \div 2.66$

⑯ $237 \div 3.95$

⑰ $89 \div 1.78$

⑱ $99 \div 1.98$

⑲ $182 \div 3.64$

⑳ $188 \div 2.35$

㉑ $93 \div 1.55$

㉒ $173 \div 3.46$

㉓ $87 \div 1.45$

㉔ $55 \div 2.75$

㉕ $225 \div 3.75$

㉖ $131 \div 2.62$

㉗ $33 \div 1.65$

㉘ $106 \div 2.65$

㉙ $68 \div 1.36$

㉚ $51 \div 2.55$

㉛ $172 \div 3.44$

14 (자연수)÷(소수 두 자리 수)

□ 안에 알맞은 수를 써넣으세요.

❶ $2.12\overline{)106}$ ➡ $2.12\overline{)106.00}$

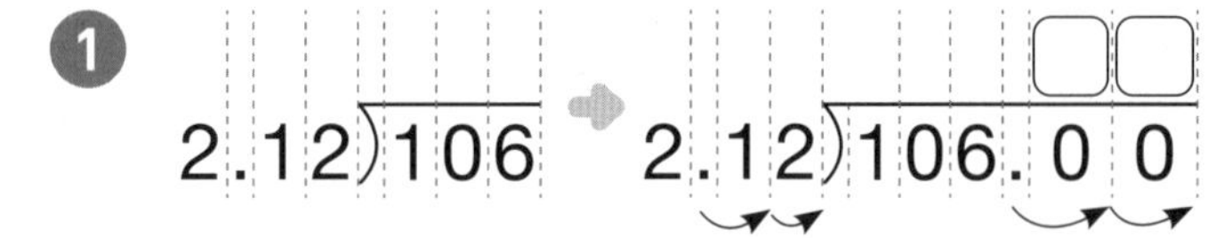

❷ $3.22\overline{)161}$ ➡ $3.22\overline{)161.00}$

❸ $1.95\overline{)39}$ ➡ $1.95\overline{)39.00}$

❹ $3.65\overline{)219}$ ➡ $3.65\overline{)219.00}$

❺ $1.82\overline{)91}$ ➡ $1.82\overline{)91.00}$

❻ $3.25\overline{)260}$ ➡ $3.25\overline{)260.00}$

❼ $1.25\overline{)100}$ ➡ $1.25\overline{)100.00}$

❽ $3.96\overline{)198}$ ➡ $3.96\overline{)198.00}$

❾ $2.75\overline{)220}$ ➡ $2.75\overline{)220.00}$

❿ $2.25\overline{)45}$ ➡ $2.25\overline{)45.00}$

정답 99쪽

공부한 날짜	맞힌 개수	걸린 시간
월 일	/25	분

나눗셈을 하세요.

⑪ $3.35\overline{)134}$

⑯ $2.35\overline{)94}$

㉑ $1.34\overline{)67}$

⑫ $1.75\overline{)70}$

⑰ $3.45\overline{)276}$

㉒ $2.36\overline{)118}$

⑬ $2.96\overline{)148}$

⑱ $1.35\overline{)81}$

㉓ $3.86\overline{)193}$

⑭ $3.42\overline{)171}$

⑲ $2.72\overline{)136}$

㉔ $1.65\overline{)99}$

⑮ $1.42\overline{)71}$

⑳ $2.25\overline{)180}$

㉕ $3.34\overline{)167}$

15 (자연수)÷(소수 두 자리 수)

◈ 나눗셈을 하세요.

❶ $3.45\overline{)69}$

❷ $1.16\overline{)58}$

❸ $3.88\overline{)194}$

❹ $3.95\overline{)158}$

❺ $2.55\overline{)102}$

❻ $2.15\overline{)86}$

❼ $2.94\overline{)147}$

❽ $1.38\overline{)69}$

❾ $1.55\overline{)124}$

❿ $3.62\overline{)181}$

⓫ $1.95\overline{)117}$

⓬ $3.15\overline{)252}$

⓭ $2.95\overline{)118}$

⓮ $2.26\overline{)113}$

⓯ $1.75\overline{)105}$

정답 99쪽

공부한 날짜	맞힌 개수	걸린 시간
월 일	/30	분

나눗셈을 하세요.

⑯ $2.75\overline{)110}$

⑰ $1.68\overline{)84}$

⑱ $1.94\overline{)97}$

⑲ $3.32\overline{)166}$

⑳ $2.45\overline{)196}$

㉑ $1.15\overline{)69}$

㉒ $2.24\overline{)112}$

㉓ $3.65\overline{)292}$

㉔ $2.54\overline{)127}$

㉕ $3.35\overline{)201}$

㉖ $3.25\overline{)130}$

㉗ $3.55\overline{)71}$

㉘ $2.95\overline{)236}$

㉙ $1.35\overline{)108}$

㉚ $1.25\overline{)25}$

16 몫을 자연수 부분까지 구하기

□ 안에 알맞은 수를 써넣고, 몫을 반올림하여 자연수 부분까지 구하세요.

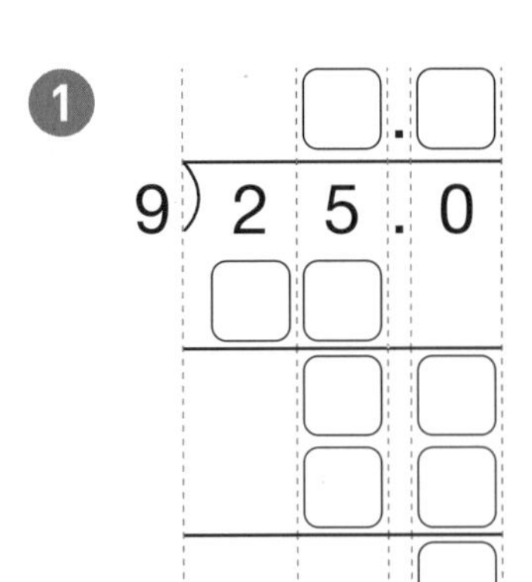

2

8) 3 3 . 0

몫 □

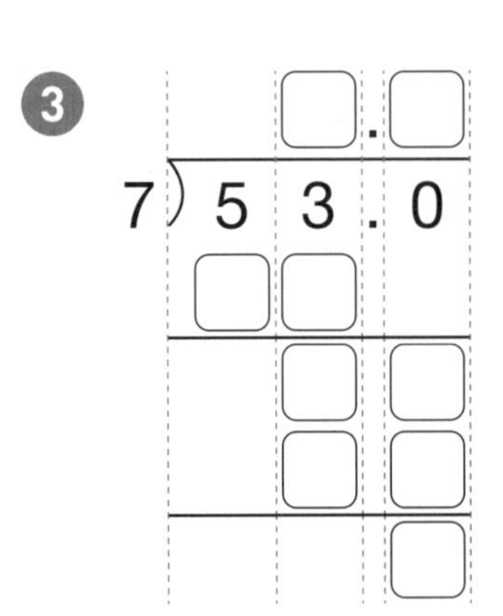

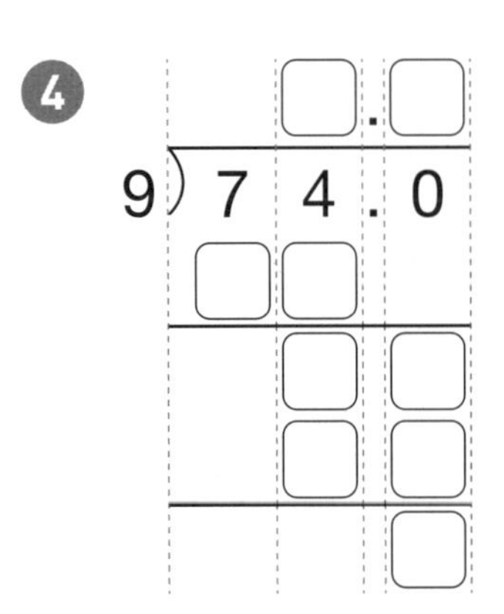

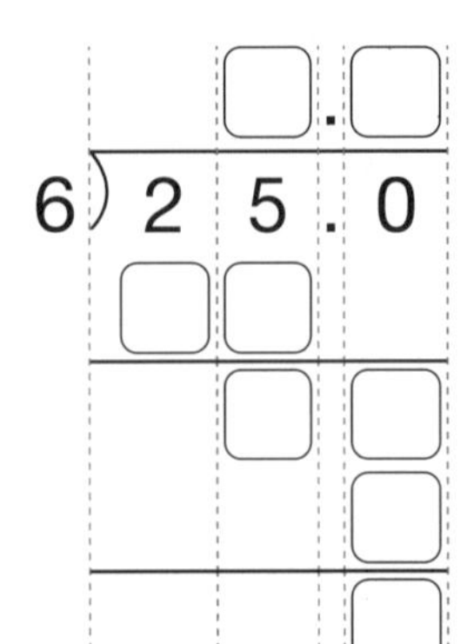

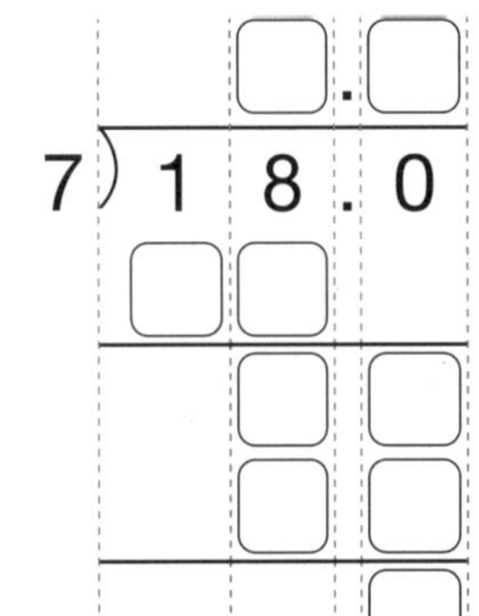

7

7) 2 2 . 0

몫 □

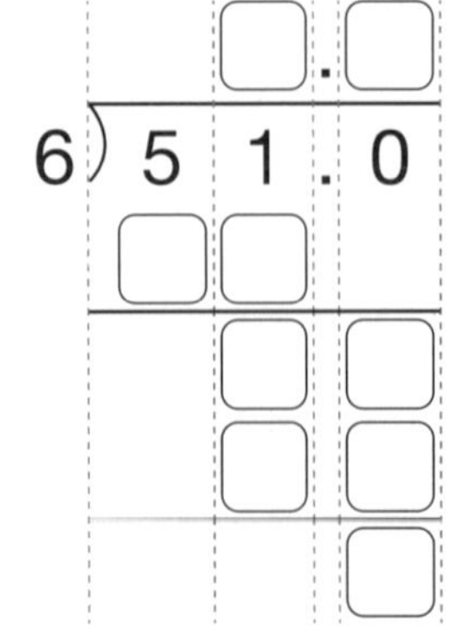

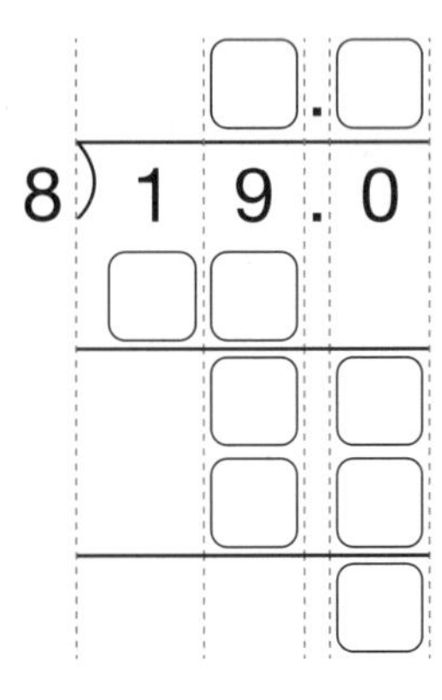

10

3) 2 5 . 0

몫 □

11

9) 4 8 . 0

몫 □

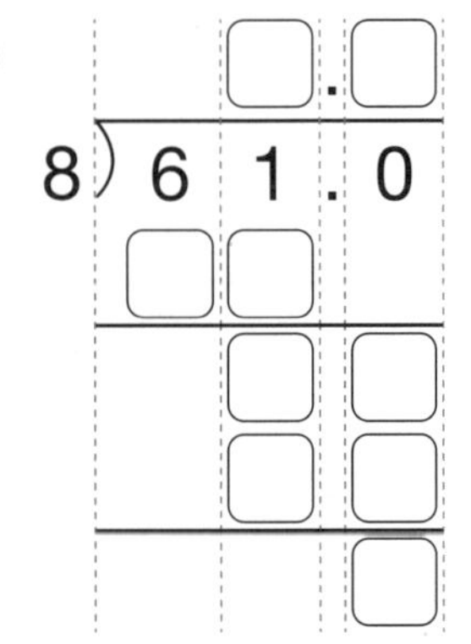

정답 99쪽

공부한 날짜	맞힌 개수	걸린 시간
월 일	/24	분

 □ 안에 알맞은 수를 써넣으세요.

⑬ $8\overline{)55.0}$

⑰ $8\overline{)51.0}$

㉑ $9\overline{)31.0}$

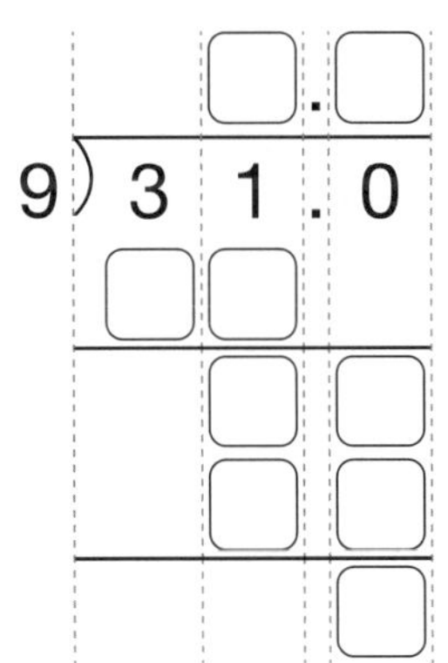

⑭ $9\overline{)13.0}$

⑱ $6\overline{)38.0}$

㉒ $7\overline{)50.0}$

⑮ $8\overline{)47.0}$

⑲ $3\overline{)14.0}$

㉓ $7\overline{)60.0}$

⑯ $6\overline{)28.0}$

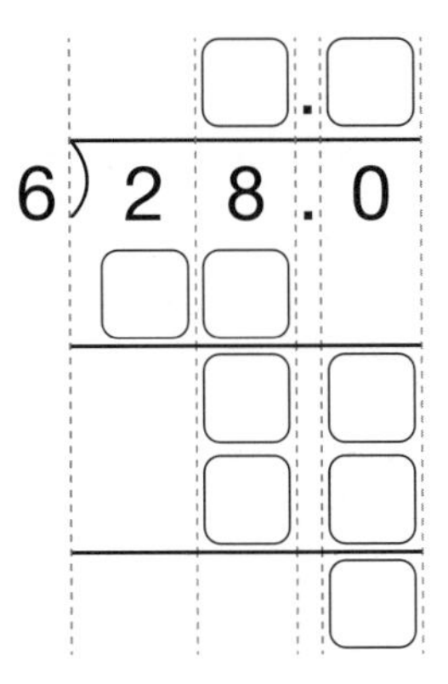

⑳ $9\overline{)22.0}$

㉔ $7\overline{)43.0}$

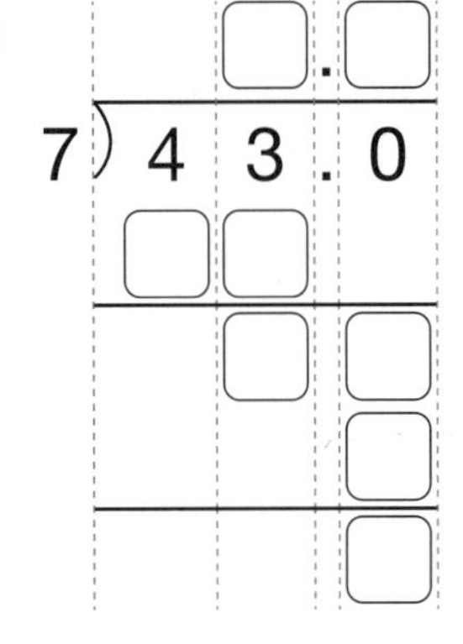

17 몫을 자연수 부분까지 구하기

소수 첫째 자리에서 반올림하여 몫을 자연수 부분까지 구하세요.

1. $9\overline{)59}$

2. $8\overline{)58}$

3. $9\overline{)69}$

4. $3\overline{)23}$

5. $9\overline{)11}$

6. $7\overline{)19}$

7. $9\overline{)46}$

8. $7\overline{)62}$

9. $8\overline{)21}$

10. $7\overline{)40}$

11. $7\overline{)46}$

12. $6\overline{)27}$

13. $6\overline{)19}$

14. $9\overline{)65}$

15. $8\overline{)45}$

정답 100쪽

공부한 날짜	맞힌 개수	걸린 시간
월 일	/30	분

소수 첫째 자리에서 반올림하여 몫을 자연수 부분까지 구하세요.

⑯ $7\overline{)24}$

㉑ $6\overline{)22}$

㉖ $9\overline{)20}$

⑰ $8\overline{)27}$

㉒ $9\overline{)67}$

㉗ $7\overline{)45}$

⑱ $7\overline{)38}$

㉓ $6\overline{)45}$

㉘ $6\overline{)52}$

⑲ $8\overline{)70}$

㉔ $9\overline{)49}$

㉙ $3\overline{)17}$

⑳ $9\overline{)28}$

㉕ $7\overline{)55}$

㉚ $8\overline{)57}$

18 몫을 반올림하여 나타내기

□ 안에 알맞은 수를 써넣으세요.

❶ 8)67.000

- 소수 첫째 자리까지 ➡ □.□
- 소수 둘째 자리까지 ➡ □.□□

❸ 6)13.000

- 소수 첫째 자리까지 ➡ □.□
- 소수 둘째 자리까지 ➡ □.□□

❷ 7)59.000

- 소수 첫째 자리까지 ➡ □.□
- 소수 둘째 자리까지 ➡ □.□□

❹ 3)19.000

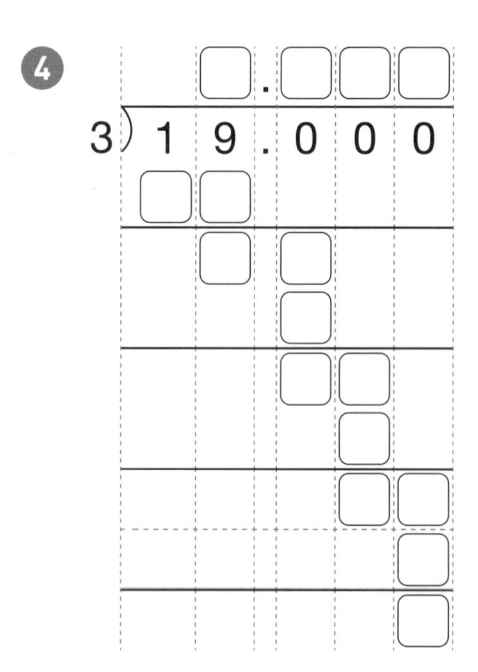

- 소수 첫째 자리까지 ➡ □.□
- 소수 둘째 자리까지 ➡ □.□□

정답 100쪽

공부한 날짜	맞힌 개수	걸린 시간
월 일	/8	분

□ 안에 알맞은 수를 써넣으세요.

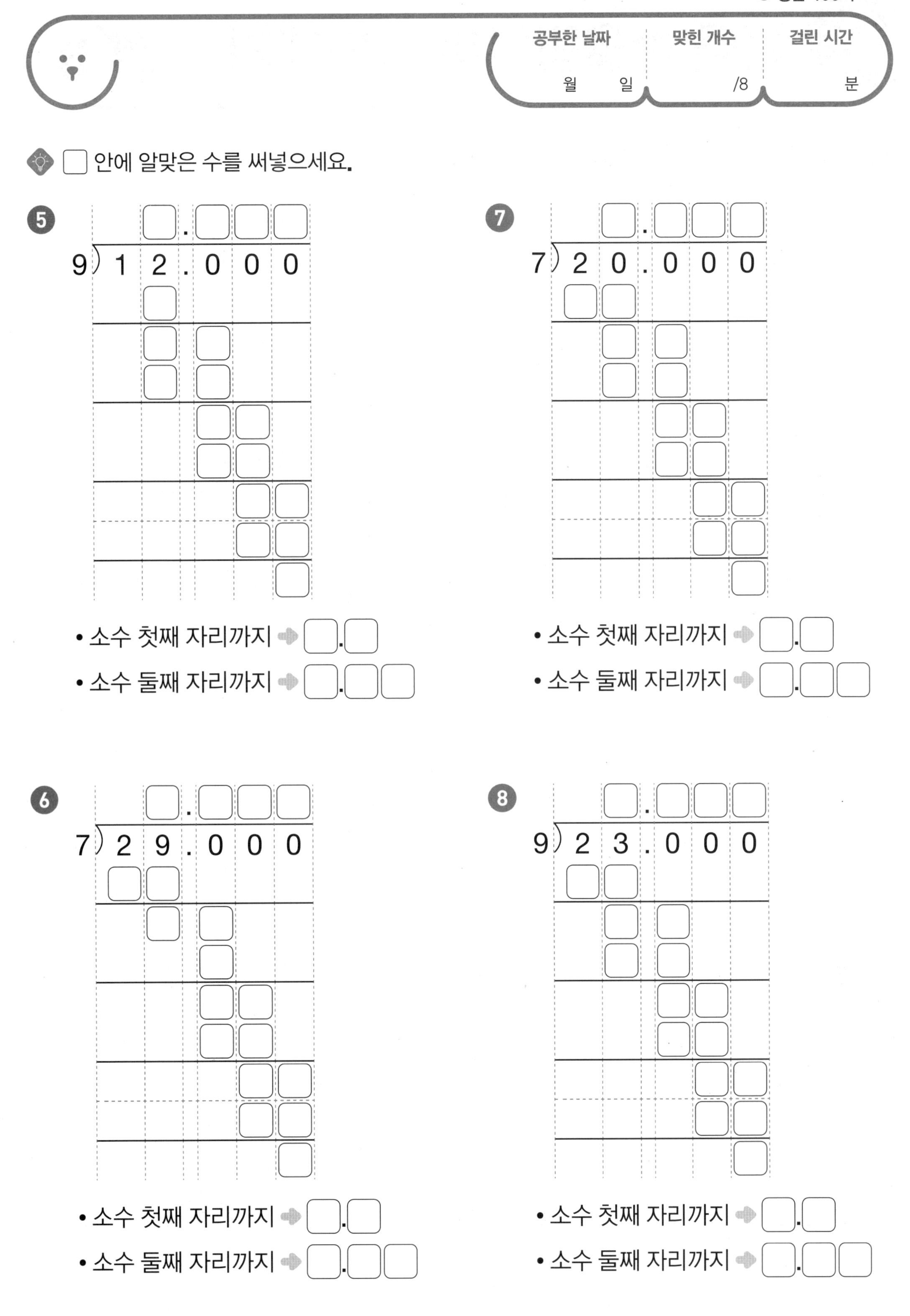

19 몫을 반올림하여 나타내기

몫을 소수 셋째 자리에서 반올림하여 소수 둘째 자리까지 구하세요.

❶ $16 \div 7$ (7)16)

❷ $53 \div 9$ (9)53)

❸ $70 \div 9$ (9)70)

❹ $50 \div 6$ (6)50)

❺ $55 \div 9$ (9)55)

❻ $48 \div 7$ (7)48)

❼ $43 \div 8$ (8)43)

❽ $75 \div 9$ (9)75)

❾ $15 \div 8$ (8)15)

❿ $17 \div 6$ (6)17)

⓫ $42 \div 9$ (9)42)

⓬ $39 \div 7$ (7)39)

⓭ $54 \div 7$ (7)54)

⓮ $35 \div 6$ (6)35)

⓯ $14 \div 9$ (9)14)

➲ 정답 100쪽

공부한 날짜	맞힌 개수	걸린 시간
월 일	/30	분

몫을 소수 셋째 자리에서 반올림하여 소수 둘째 자리까지 구하세요.

⑯ $6\overline{)44}$

㉑ $8\overline{)39}$

㉖ $9\overline{)15}$

⑰ $9\overline{)68}$

㉒ $8\overline{)21}$

㉗ $9\overline{)46}$

⑱ $6\overline{)53}$

㉓ $9\overline{)26}$

㉘ $7\overline{)61}$

⑲ $9\overline{)32}$

㉔ $7\overline{)41}$

㉙ $9\overline{)42}$

⑳ $6\overline{)31}$

㉕ $9\overline{)58}$

㉚ $9\overline{)34}$

01 비의 성질

□ 안에 알맞은 수를 써넣으세요.

❶ 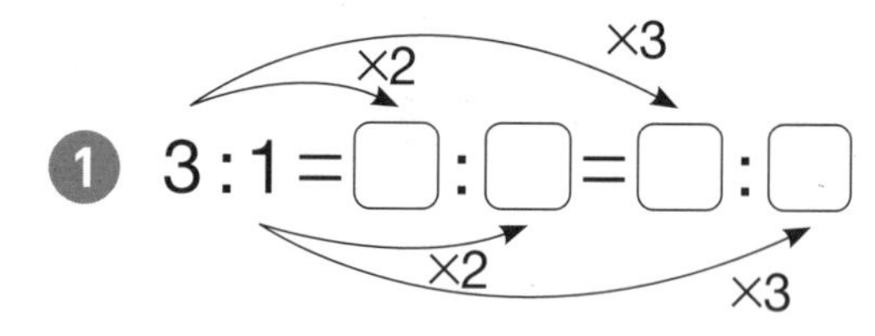

전항과 후항에 0이 아닌 같은 수를 곱하여도 비율은 같아요.

❷ 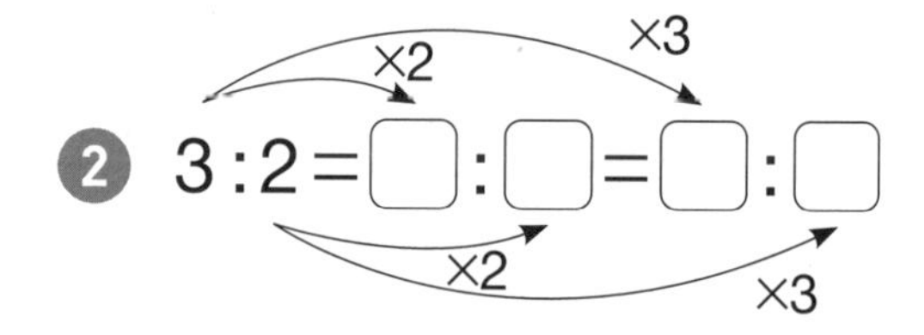

❸ 5 : 4 = □ : □ = □ : □ (×2, ×3)

❹ 2 : 3 = □ : □ = □ : □ (×2, ×3)

❺ 8 : 1 = □ : □ = □ : □ (×2, ×3)

❻ 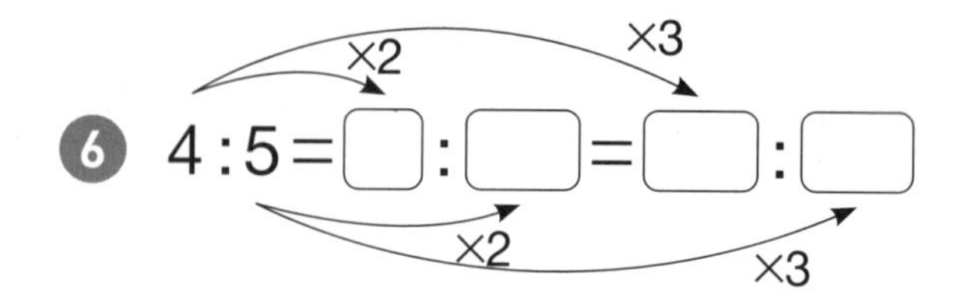

❼ 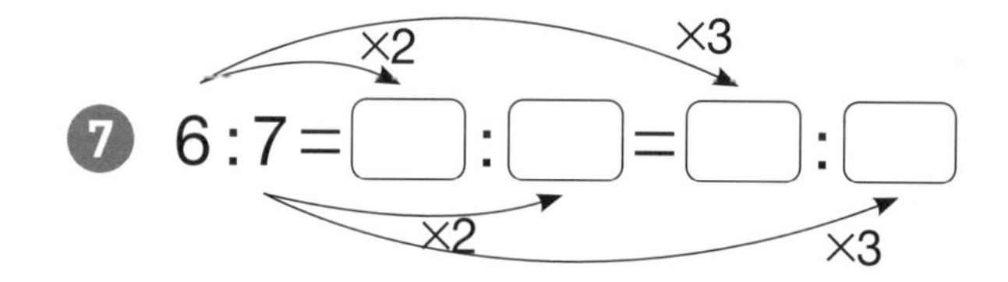

❽ 1 : 2 = □ : □ = □ : □ (×2, ×3)

❾ 7 : 3 = □ : □ = □ : □ (×2, ×3)

❿ 9 : 5 = □ : □ = □ : □ (×2, ×3)

정답 101쪽

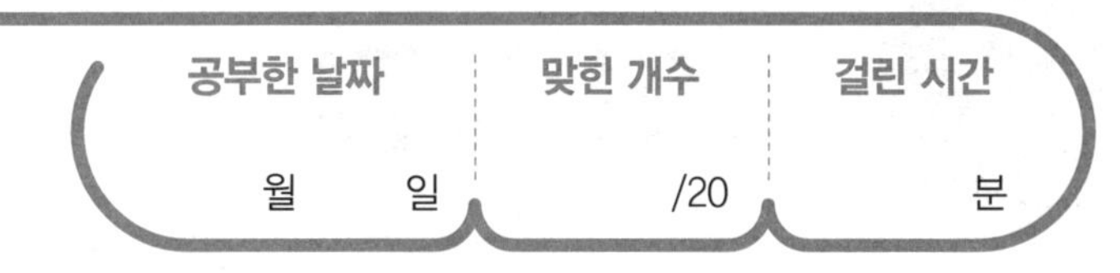

□ 안에 알맞은 수를 써넣으세요.

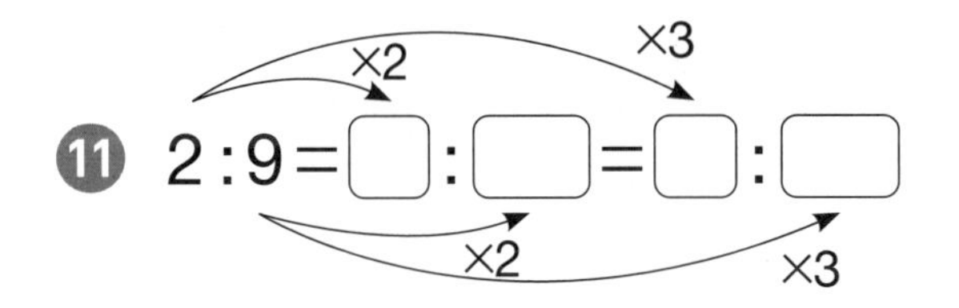

⑪ 2 : 9 = □ : □ = □ : □

⑫ 4 : 1 = □ : □ = □ : □

⑬ 5 : 8 = □ : □ = □ : □

⑭ 4 : 9 = □ : □ = □ : □

⑮ 3 : 7 = □ : □ = □ : □

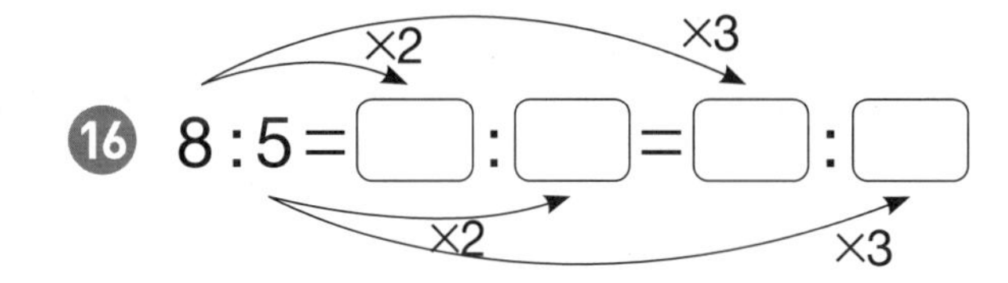

⑯ 8 : 5 = □ : □ = □ : □

⑰ 8 : 9 = □ : □ = □ : □

⑱ 3 : 5 = □ : □ = □ : □

⑲ 5 : 2 = □ : □ = □ : □

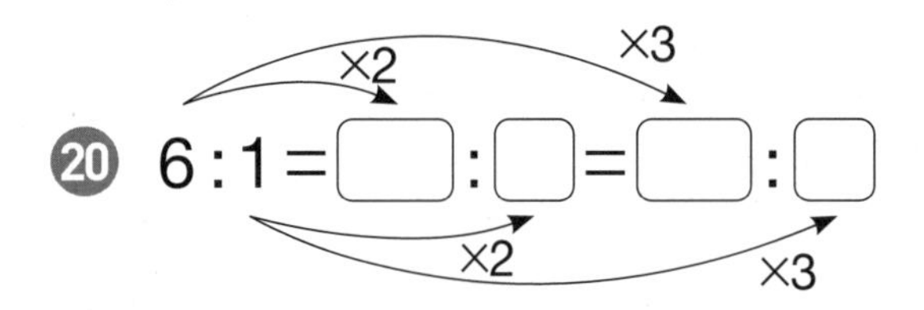

⑳ 6 : 1 = □ : □ = □ : □

02 비의 성질

□ 안에 알맞은 수를 써넣으세요.

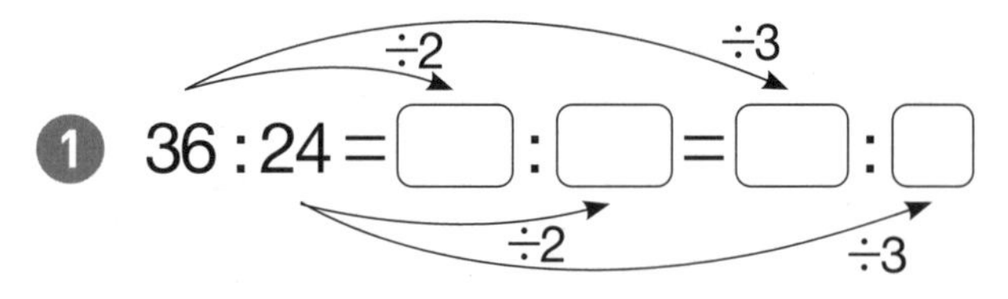

❶ 36 : 24 = □ : □ = □ : □ (÷2, ÷3)

전항과 후항을 0이 아닌 같은 수로 나누어도 비율은 같아요.

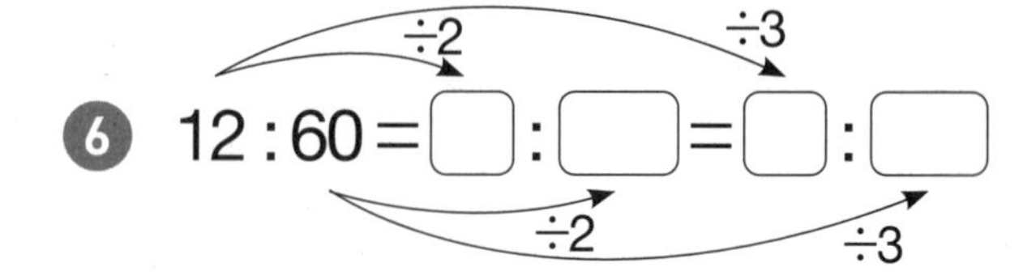

❻ 12 : 60 = □ : □ = □ : □ (÷2, ÷3)

❷ 96 : 36 = □ : □ = □ : □ (÷2, ÷3)

❼ 96 : 84 = □ : □ = □ : □ (÷2, ÷3)

❸ 60 : 24 = □ : □ = □ : □ (÷2, ÷3)

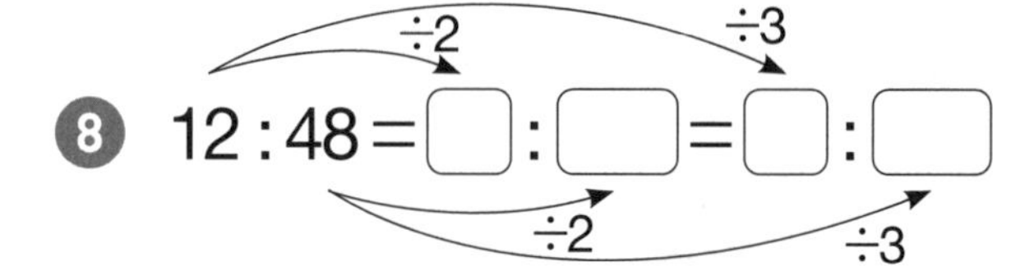

❽ 12 : 48 = □ : □ = □ : □ (÷2, ÷3)

❹ 60 : 96 = □ : □ = □ : □ (÷2, ÷3)

❾ 84 : 12 = □ : □ = □ : □ (÷2, ÷3)

❺ 36 : 60 = □ : □ = □ : □ (÷2, ÷3)

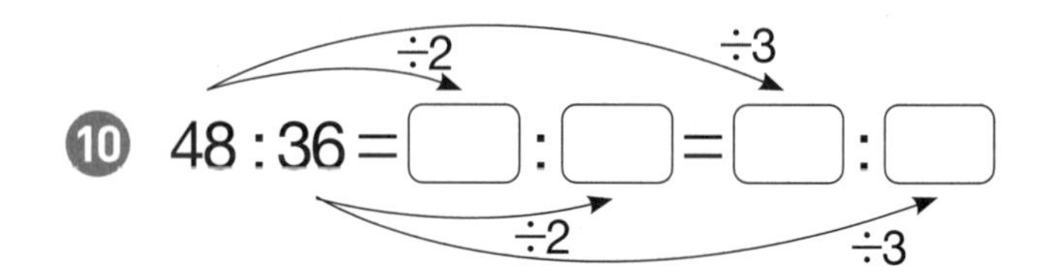

❿ 48 : 36 = □ : □ = □ : □ (÷2, ÷3)

정답 101쪽

□ 안에 알맞은 수를 써넣으세요.

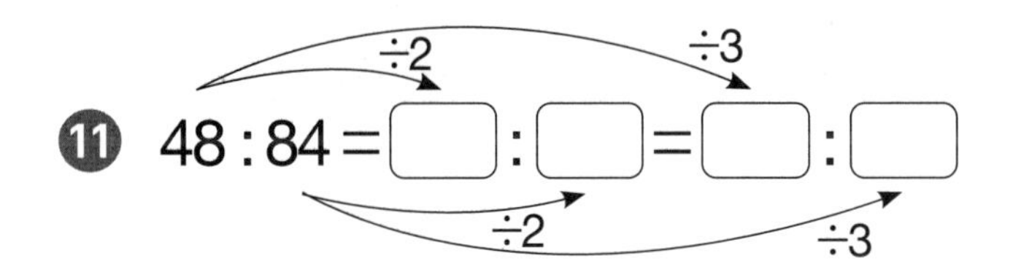

⑪ 48 : 84 = □ : □ = □ : □ (÷2, ÷3)

⑯ 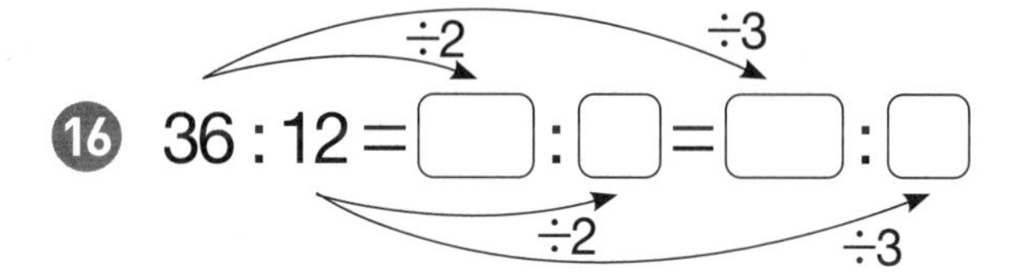

36 : 12 = □ : □ = □ : □ (÷2, ÷3)

⑫ 72 : 84 = □ : □ = □ : □ (÷2, ÷3)

⑰ 36 : 96 = □ : □ = □ : □ (÷2, ÷3)

⑬ 48 : 108 = □ : □ = □ : □ (÷2, ÷3)

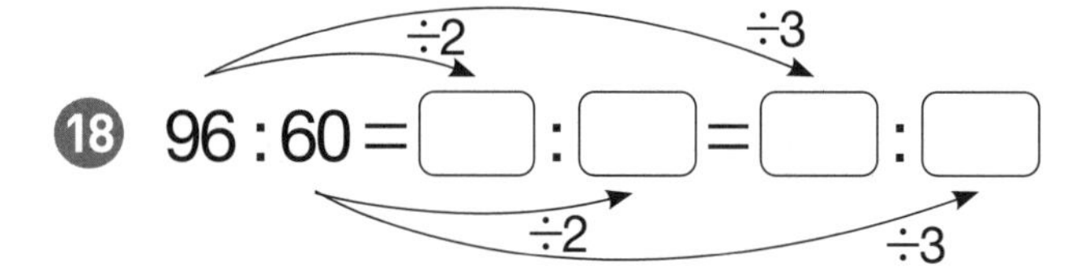

⑱ 96 : 60 = □ : □ = □ : □ (÷2, ÷3)

⑭ 84 : 36 = □ : □ = □ : □ (÷2, ÷3)

⑲ 60 : 72 = □ : □ = □ : □ (÷2, ÷3)

⑮ 72 : 12 = □ : □ = □ : □ (÷2, ÷3)

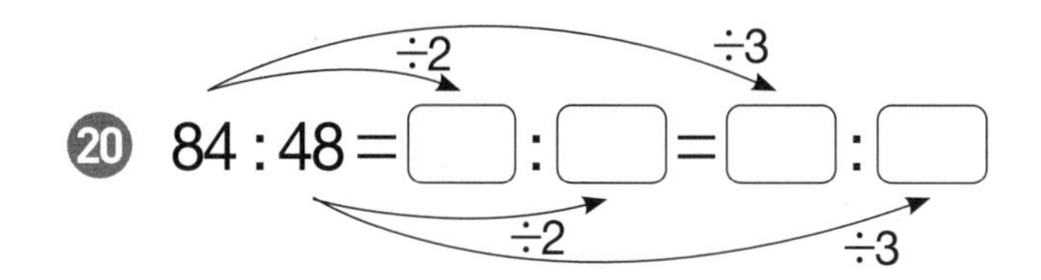

⑳ 84 : 48 = □ : □ = □ : □ (÷2, ÷3)

03 간단한 자연수의 비로 나타내기

간단한 자연수의 비로 나타내세요.

❶ 21 : 9 = ☐ : ☐

전항과 후항을 두 수의 최대공약수로 나누어 간단한 자연수의 비로 나타내요.

❷ 4 : 12 = ☐ : ☐

❸ 15 : 9 = ☐ : ☐

❹ 8 : 20 = ☐ : ☐

❺ 10 : 12 = ☐ : ☐

❻ 3 : 18 = ☐ : ☐

❼ 32 : 20 = ☐ : ☐

❽ 12 : 16 = ☐ : ☐

❾ 6 : 27 = ☐ : ☐

❿ 14 : 12 = ☐ : ☐

⓫ 8 : 10 = ☐ : ☐

⓬ 36 : 8 = ☐ : ☐

⓭ 14 : 4 = ☐ : ☐

⓮ 15 : 21 = ☐ : ☐

⓯ 8 : 14 = ☐ : ☐

⓰ 8 : 2 = ☐ : ☐

⓱ 12 : 28 = ☐ : ☐

⓲ 3 : 6 = ☐ : ☐

⓳ 18 : 21 = ☐ : ☐

⓴ 20 : 4 = ☐ : ☐

㉑ 16 : 6 = ☐ : ☐

정답 101쪽

공부한 날짜	맞힌 개수	걸린 시간
월 일	/42	분

간단한 자연수의 비로 나타내세요.

㉒ $0.5:0.7=\square:\square$

전항과 후항에 10을 곱하여 간단한 자연수의 비로 나타내요.

㉙ $0.3:0.5=\square:\square$

㊱ $0.7:0.3=\square:\square$

㉓ $0.4:0.5=\square:\square$

㉚ $0.1:0.4=\square:\square$

㊲ $0.2:0.5=\square:\square$

㉔ $0.4:0.1=\square:\square$

㉛ $0.3:0.4=\square:\square$

㊳ $0.8:0.7=\square:\square$

㉕ $0.1:0.2=\square:\square$

㉜ $0.7:0.1=\square:\square$

㊴ $0.1:0.6=\square:\square$

㉖ $0.2:0.3=\square:\square$

㉝ $0.5:0.9=\square:\square$

㊵ $0.5:0.4=\square:\square$

㉗ $0.1:0.7=\square:\square$

㉞ $0.4:0.9=\square:\square$

㊶ $0.7:0.9=\square:\square$

㉘ $0.6:0.5=\square:\square$

㉟ $0.9:0.4=\square:\square$

㊷ $0.5:0.2=\square:\square$

04 간단한 자연수의 비로 나타내기

간단한 자연수의 비로 나타내세요.

❶ $\frac{1}{8} : \frac{1}{2} = \square : \square$

전항과 후항에 두 분모의 최소 공배수를 곱하여 간단한 자연수의 비로 나타내요.

❷ $\frac{1}{8} : \frac{1}{5} = \square : \square$

❸ $\frac{1}{4} : \frac{1}{3} = \square : \square$

❹ $\frac{1}{4} : \frac{1}{7} = \square : \square$

❺ $\frac{1}{4} : \frac{1}{10} = \square : \square$

❻ $\frac{1}{10} : \frac{1}{3} = \square : \square$

❼ $\frac{1}{3} : \frac{1}{4} = \square : \square$

❽ $\frac{1}{5} : \frac{1}{2} = \square : \square$

❾ $\frac{1}{3} : \frac{1}{10} = \square : \square$

❿ $\frac{1}{2} : \frac{1}{6} = \square : \square$

⓫ $\frac{1}{2} : \frac{1}{10} = \square : \square$

⓬ $\frac{1}{3} : \frac{1}{8} = \square : \square$

⓭ $\frac{1}{6} : \frac{1}{8} = \square : \square$

⓮ $\frac{1}{7} : \frac{1}{5} = \square : \square$

⓯ $\frac{1}{3} : \frac{1}{7} = \square : \square$

⓰ $\frac{1}{5} : \frac{1}{3} = \square : \square$

⓱ $\frac{1}{4} : \frac{1}{5} = \square : \square$

⓲ $\frac{1}{2} : \frac{1}{7} = \square : \square$

정답 101쪽

공부한 날짜	맞힌 개수	걸린 시간
월 일	/36	분

간단한 자연수의 비로 나타내세요.

⑲ $0.1 : \frac{2}{10} = \square : \square$

전항과 후항이 모두 소수 또는 분수가 되도록 고친 다음 간단한 자연수의 비로 나타내요.

⑳ $0.6 : \frac{7}{10} = \square : \square$

㉑ $0.4 : \frac{3}{10} = \square : \square$

㉒ $0.4 : \frac{5}{10} = \square : \square$

㉓ $0.3 : \frac{5}{10} = \square : \square$

㉔ $0.2 : \frac{7}{10} = \square : \square$

㉕ $0.8 : \frac{7}{10} = \square : \square$

㉖ $0.5 : \frac{6}{10} = \square : \square$

㉗ $0.3 : \frac{4}{10} = \square : \square$

㉘ $0.2 : \frac{1}{10} = \square : \square$

㉙ $0.1 : \frac{4}{10} = \square : \square$

㉚ $0.5 : \frac{3}{10} = \square : \square$

㉛ $0.7 : \frac{9}{10} = \square : \square$

㉜ $0.4 : \frac{9}{10} = \square : \square$

㉝ $0.5 : \frac{4}{10} = \square : \square$

㉞ $0.3 : \frac{8}{10} = \square : \square$

㉟ $0.1 : \frac{7}{10} = \square : \square$

㊱ $0.7 : \frac{4}{10} = \square : \square$

05 비례식의 성질

☐ 안에 알맞은 수를 써넣으세요.

❶ 2 : 5 = 4 : ☐

• 내항의 곱: 5 × 4 = 20
• 외항의 곱: 2 × ☐ = 20

❷ 5 : 1 = 15 : ☐

❸ 6 : 1 = 18 : ☐

❹ 4 : 3 = 16 : ☐

❺ 9 : 2 = 18 : ☐

❻ 4 : 5 = 8 : ☐

❼ 5 : 4 = 10 : ☐

❽ 1 : 3 = 3 : ☐

❾ 3 : 2 = 6 : ☐

❿ 8 : 9 = 32 : ☐

⓫ 4 : 7 = 8 : ☐

⓬ 3 : 8 = 12 : ☐

⓭ 8 : 7 = 32 : ☐

⓮ 7 : 4 = 21 : ☐

⓯ 8 : 1 = 32 : ☐

⓰ 1 : 6 = 4 : ☐

⓱ 2 : 3 = 4 : ☐

⓲ 1 : 2 = 3 : ☐

⓳ 7 : 1 = 21 : ☐

⓴ 1 : 9 = 3 : ☐

㉑ 5 : 9 = 20 : ☐

정답 102쪽

공부한 날짜	맞힌 개수	걸린 시간
월 일	/42	분

□ 안에 알맞은 수를 써넣으세요.

㉒ $7:6=28:\square$

㉓ $2:9=6:\square$

㉔ $3:4=6:\square$

㉕ $5:2=20:\square$

㉖ $3:1=12:\square$

㉗ $5:6=15:\square$

㉘ $1:5=2:\square$

㉙ $1:4=3:\square$

㉚ $6:5=12:\square$

㉛ $9:4=27:\square$

㉜ $1:8=2:\square$

㉝ $6:7=18:\square$

㉞ $9:7=18:\square$

㉟ $2:1=6:\square$

㊱ $8:5=16:\square$

㊲ $4:9=16:\square$

㊳ $9:8=36:\square$

㊴ $5:3=15:\square$

㊵ $7:2=14:\square$

㊶ $1:7=4:\square$

㊷ $3:7=12:\square$

06 비례배분

주어진 수와 비로 비례배분하세요.

❶ 28을 3 : 1로 비례배분하기

$28\times\frac{3}{3+1}=\square, 28\times\frac{\square}{3+1}=\square$

❷ 21을 3 : 4로 비례배분하기

$21\times\frac{3}{3+4}=\square, 21\times\frac{\square}{3+4}=\square$

❸ 70을 2 : 5로 비례배분하기

$70\times\frac{2}{2+5}=\square, 70\times\frac{\square}{2+5}=\square$

❹ 10을 1 : 4로 비례배분하기

$10\times\frac{1}{1+4}=\square, 10\times\frac{\square}{1+4}=\square$

❺ 24를 1 : 3으로 비례배분하기

$24\times\frac{1}{1+3}=\square, 24\times\frac{\square}{1+3}=\square$

❻ 25를 1 : 4로 비례배분하기

$25\times\frac{1}{1+4}=\square, 25\times\frac{\square}{1+4}=\square$

❼ 45를 2 : 7로 비례배분하기

$45\times\frac{2}{2+7}=\square, 45\times\frac{\square}{2+7}=\square$

❽ 20을 1 : 3으로 비례배분하기

$20\times\frac{1}{1+3}=\square, 20\times\frac{\square}{1+3}=\square$

❾ 30을 2 : 3으로 비례배분하기

$30\times\frac{2}{2+3}=\square, 30\times\frac{\square}{2+3}=\square$

❿ 42를 3 : 4로 비례배분하기

$42\times\frac{3}{3+4}=\square, 42\times\frac{\square}{3+4}=\square$

정답 102쪽

공부한 날짜	맞힌 개수	걸린 시간
월 일	/20	분

주어진 수와 비로 비례배분하세요.

⑪ 10을 2 : 3으로 비례배분하기

$10 \times \frac{2}{2+3} = \square$, $10 \times \frac{\square}{2+3} = \square$

⑫ 7을 3 : 4로 비례배분하기

$7 \times \frac{3}{3+4} = \square$, $7 \times \frac{\square}{3+4} = \square$

⑬ 20을 1 : 4로 비례배분하기

$20 \times \frac{1}{1+4} = \square$, $20 \times \frac{\square}{1+4} = \square$

⑭ 35를 2 : 5로 비례배분하기

$35 \times \frac{2}{2+5} = \square$, $35 \times \frac{\square}{2+5} = \square$

⑮ 18을 1 : 2로 비례배분하기

$18 \times \frac{1}{1+2} = \square$, $18 \times \frac{\square}{1+2} = \square$

⑯ 28을 3 : 4로 비례배분하기

$28 \times \frac{3}{3+4} = \square$, $28 \times \frac{\square}{3+4} = \square$

⑰ 12를 2 : 1로 비례배분하기

$12 \times \frac{2}{2+1} = \square$, $12 \times \frac{\square}{2+1} = \square$

⑱ 6을 1 : 2로 비례배분하기

$6 \times \frac{1}{1+2} = \square$, $6 \times \frac{\square}{1+2} = \square$

⑲ 18을 2 : 7로 비례배분하기

$18 \times \frac{2}{2+7} = \square$, $18 \times \frac{\square}{2+7} = \square$

⑳ 42를 2 : 5로 비례배분하기

$42 \times \frac{2}{2+5} = \square$, $42 \times \frac{\square}{2+5} = \square$

01 원주 구하기

주어진 원의 원주를 구하세요. (원주율: 3)

1 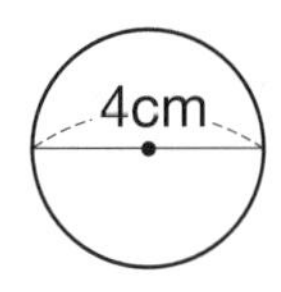

➡ 원주: □ cm

(원주)=(지름)×(원주율)

2 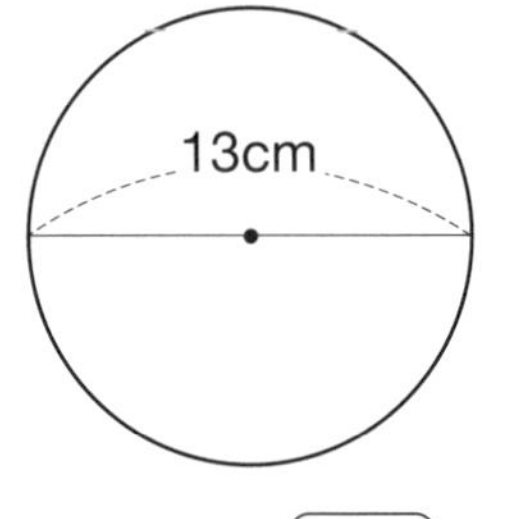

➡ 원주: □ cm

3 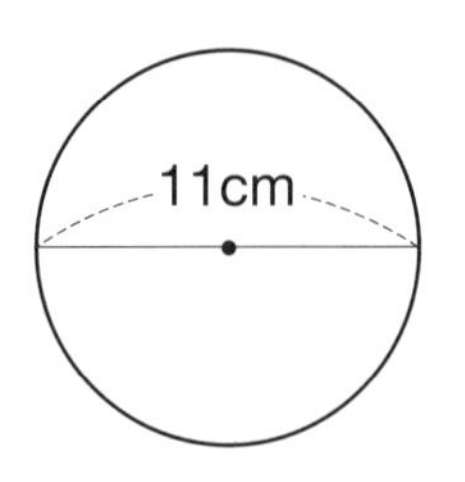

➡ 원주: □ cm

4 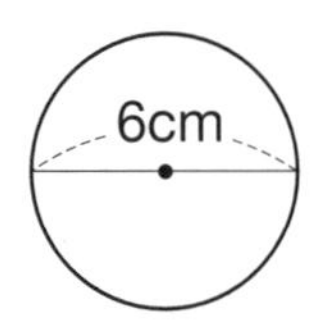

➡ 원주: □ cm

5 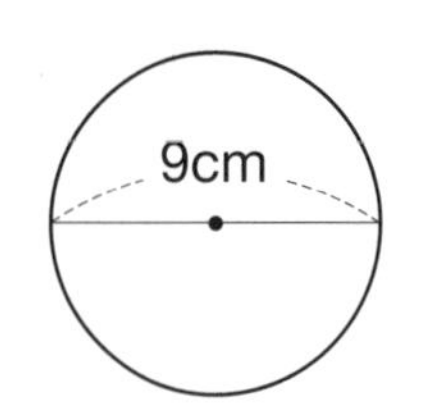

➡ 원주: □ cm

6 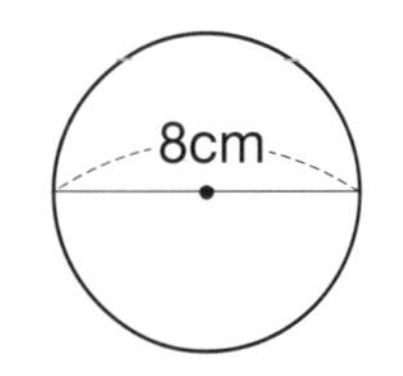

➡ 원주: □ cm

7 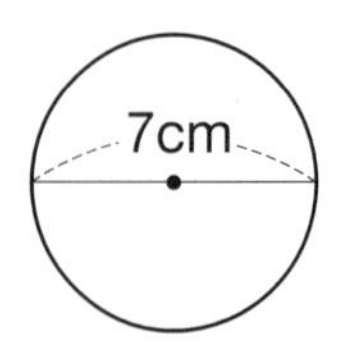

➡ 원주: □ cm

8 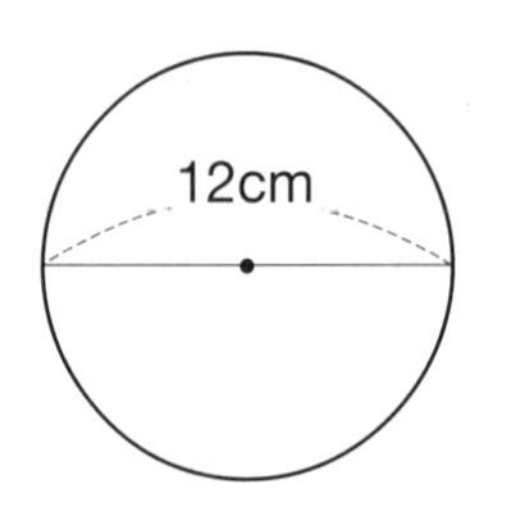

➡ 원주: □ cm

9 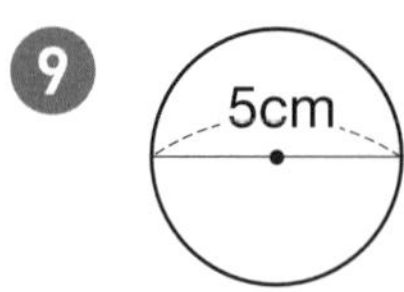

➡ 원주: □ cm

10 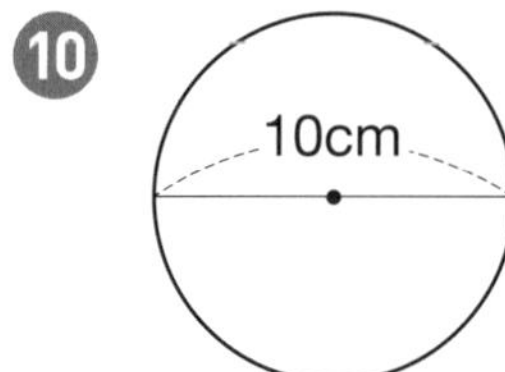

➡ 원주: □ cm

11 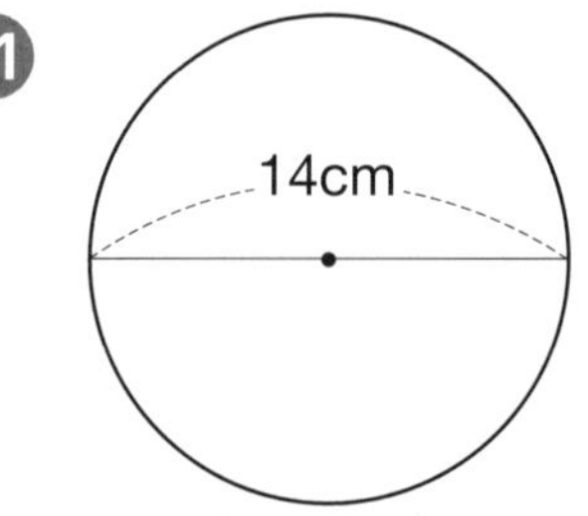

➡ 원주: □ cm

12 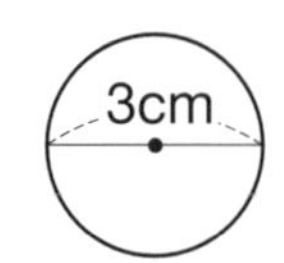

➡ 원주: □ cm

정답 103쪽

공부한 날짜	맞힌 개수	걸린 시간
월 일	/24	분

주어진 원의 원주를 구하세요. (원주율: **3**)

13
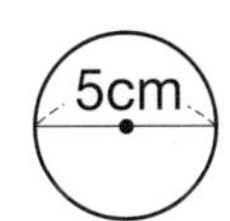

➡ 원주: ☐ cm

14
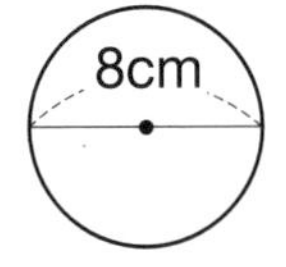

➡ 원주: ☐ cm

15
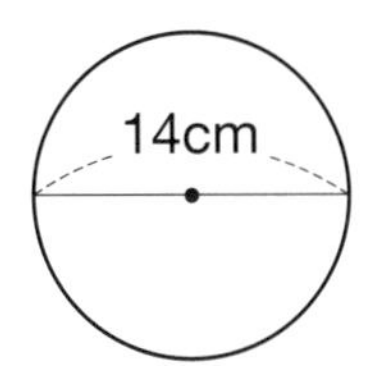

➡ 원주: ☐ cm

16
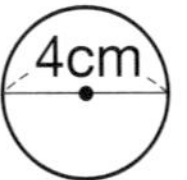

➡ 원주: ☐ cm

17
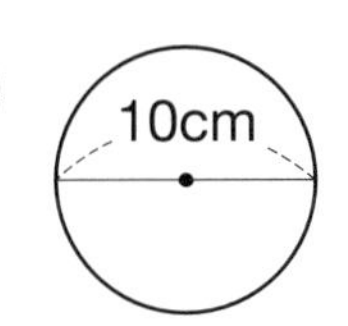

➡ 원주: ☐ cm

18
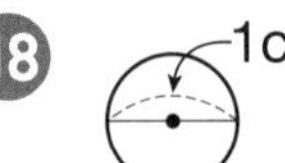

➡ 원주: ☐ cm

19
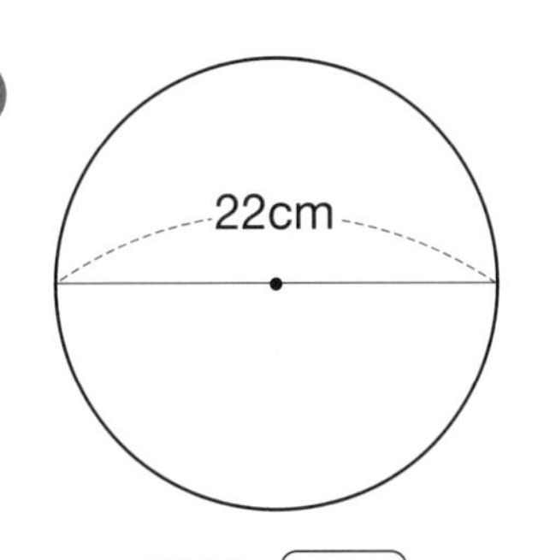

➡ 원주: ☐ cm

20
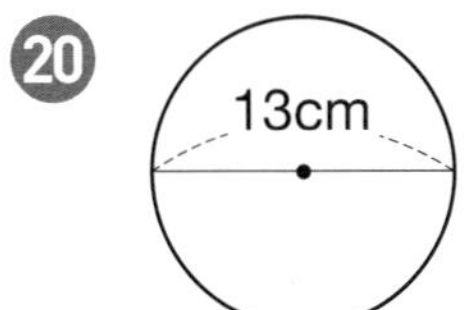

➡ 원주: ☐ cm

21
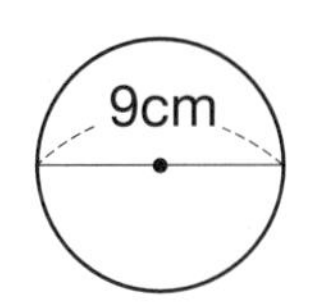

➡ 원주: ☐ cm

22
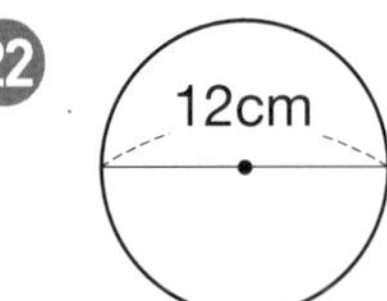

➡ 원주: ☐ cm

23

➡ 원주: ☐ cm

24
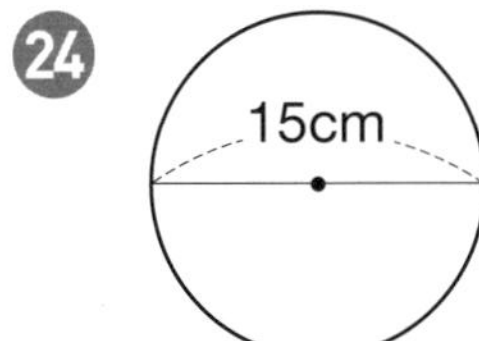

➡ 원주: ☐ cm

02 지름 또는 반지름 구하기

주어진 원의 지름을 구하세요. (원주율: 3)

❶ 원주: 12cm

(　　　　)cm

(원의 지름)=(원주)÷(원주율)

❷ 원주: 30cm

(　　　　)cm

❸ 원주: 3cm

(　　　　)cm

❹ 원주: 42cm

(　　　　)cm

❺ 원주: 33cm

(　　　　)cm

❻ 원주: 21cm

(　　　　)cm

❼ 원주: 48cm

(　　　　)cm

❽ 원주: 18cm

(　　　　)cm

❾ 원주: 54cm

(　　　　)cm

❿ 원주: 51cm

(　　　　)cm

⓫ 원주: 27cm

(　　　　)cm

⓬ 원주: 9cm

(　　　　)cm

⓭ 원주: 6cm

(　　　　)cm

⓮ 원주: 24cm

(　　　　)cm

⓯ 원주: 36cm

(　　　　)cm

⓰ 원주: 45cm

(　　　　)cm

⓱ 원주: 15cm

(　　　　)cm

⓲ 원주: 39cm

(　　　　)cm

정답 103쪽

공부한 날짜	맞힌 개수	걸린 시간
월 일	/36	분

주어진 원의 반지름을 구하세요. (원주율: 3)

⑲ 원주: 96cm

( )cm

(원의 반지름)=(원의 지름)÷2

⑳ 원주: 60cm

( )cm

㉑ 원주: 66cm

( )cm

㉒ 원주: 36cm

( )cm

㉓ 원주: 42cm

( )cm

㉔ 원주: 90cm

( )cm

㉕ 원주: 18cm

( )cm

㉖ 원주: 108cm

( )cm

㉗ 원주: 48cm

( )cm

㉘ 원주: 54cm

( )cm

㉙ 원주: 72cm

( )cm

㉚ 원주: 12cm

( )cm

㉛ 원주: 78cm

( )cm

㉜ 원주: 6cm

( )cm

㉝ 원주: 30cm

( )cm

㉞ 원주: 102cm

( )cm

㉟ 원주: 84cm

( )cm

㊱ 원주: 24cm

( )cm

03 원의 넓이 구하기

주어진 원의 넓이를 구하세요. (원주율: 3)

1
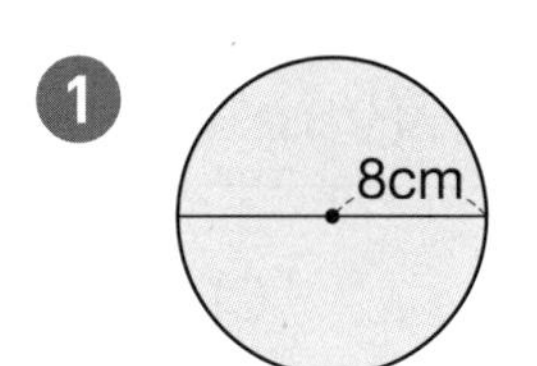

(   ) cm^2

(원의 넓이)
=(반지름)×(반지름)×(원주율)

2
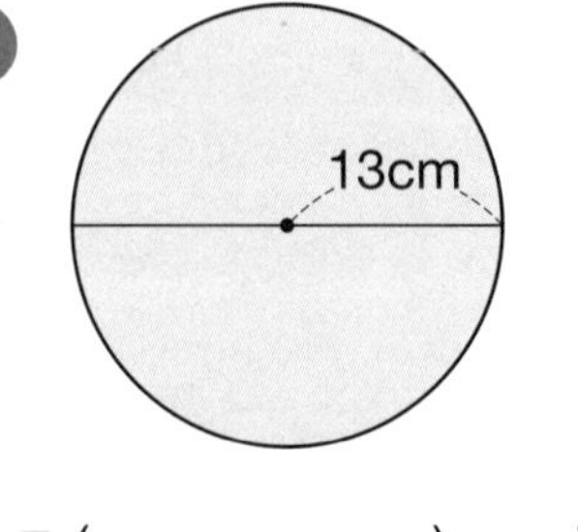

(   ) cm^2

3
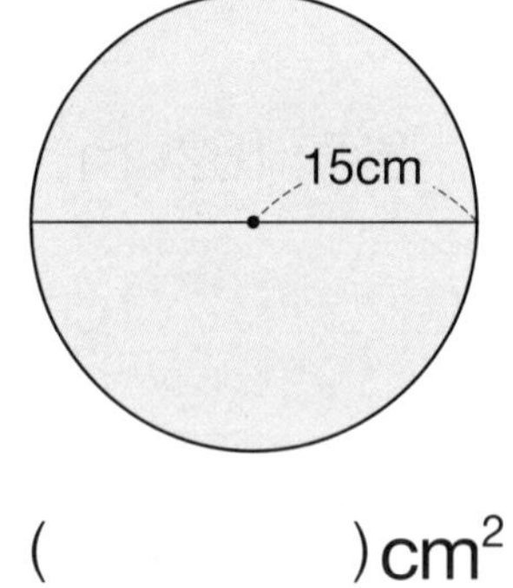

(   ) cm^2

4
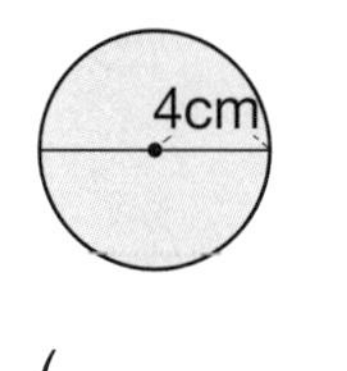

(   ) cm^2

5
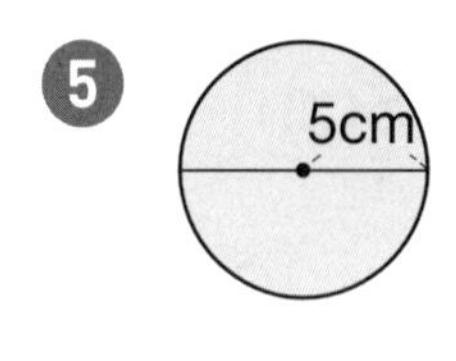

(   ) cm^2

6
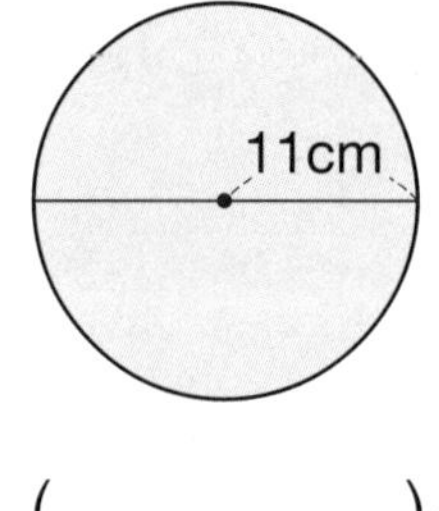

(   ) cm^2

7
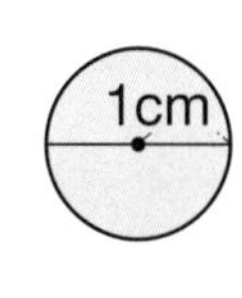

(   ) cm^2

8
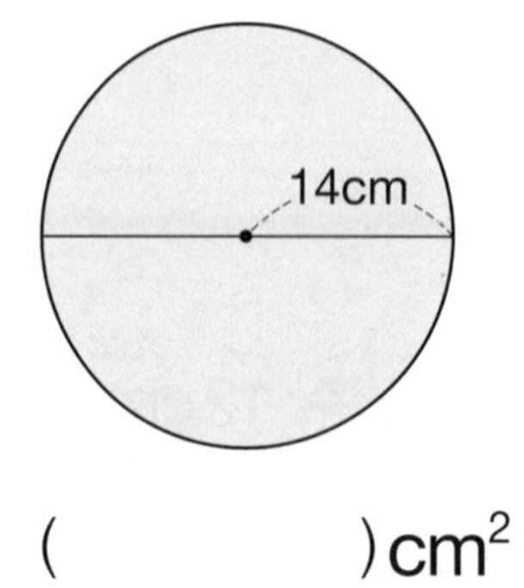

(   ) cm^2

9
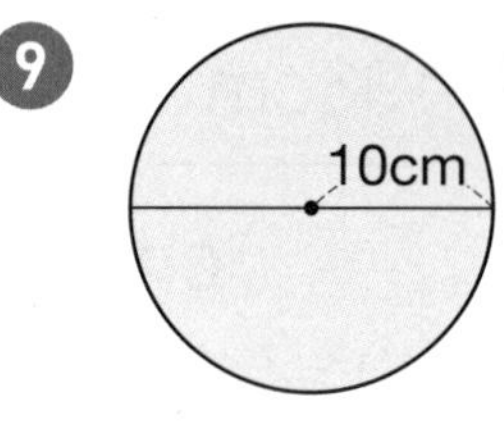

(   ) cm^2

10
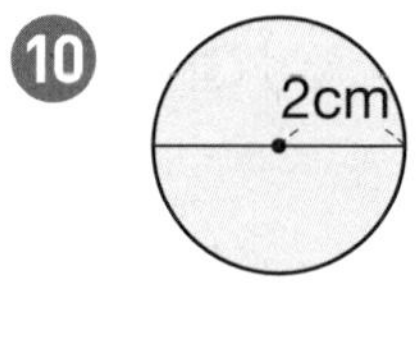

(   ) cm^2

11
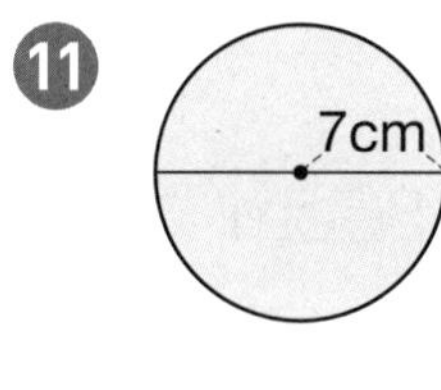

(   ) cm^2

12
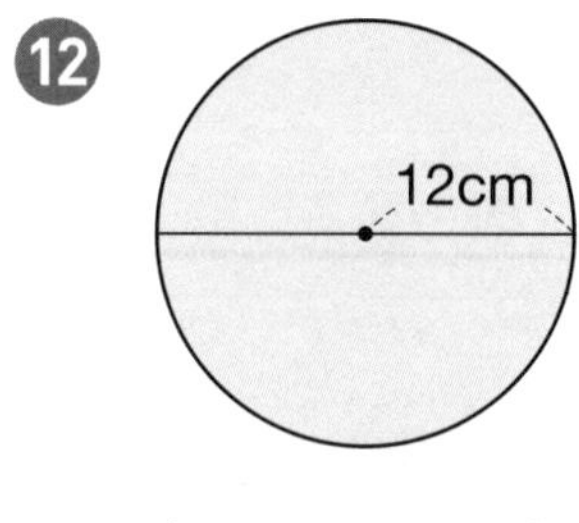

(   ) cm^2

정답 103쪽

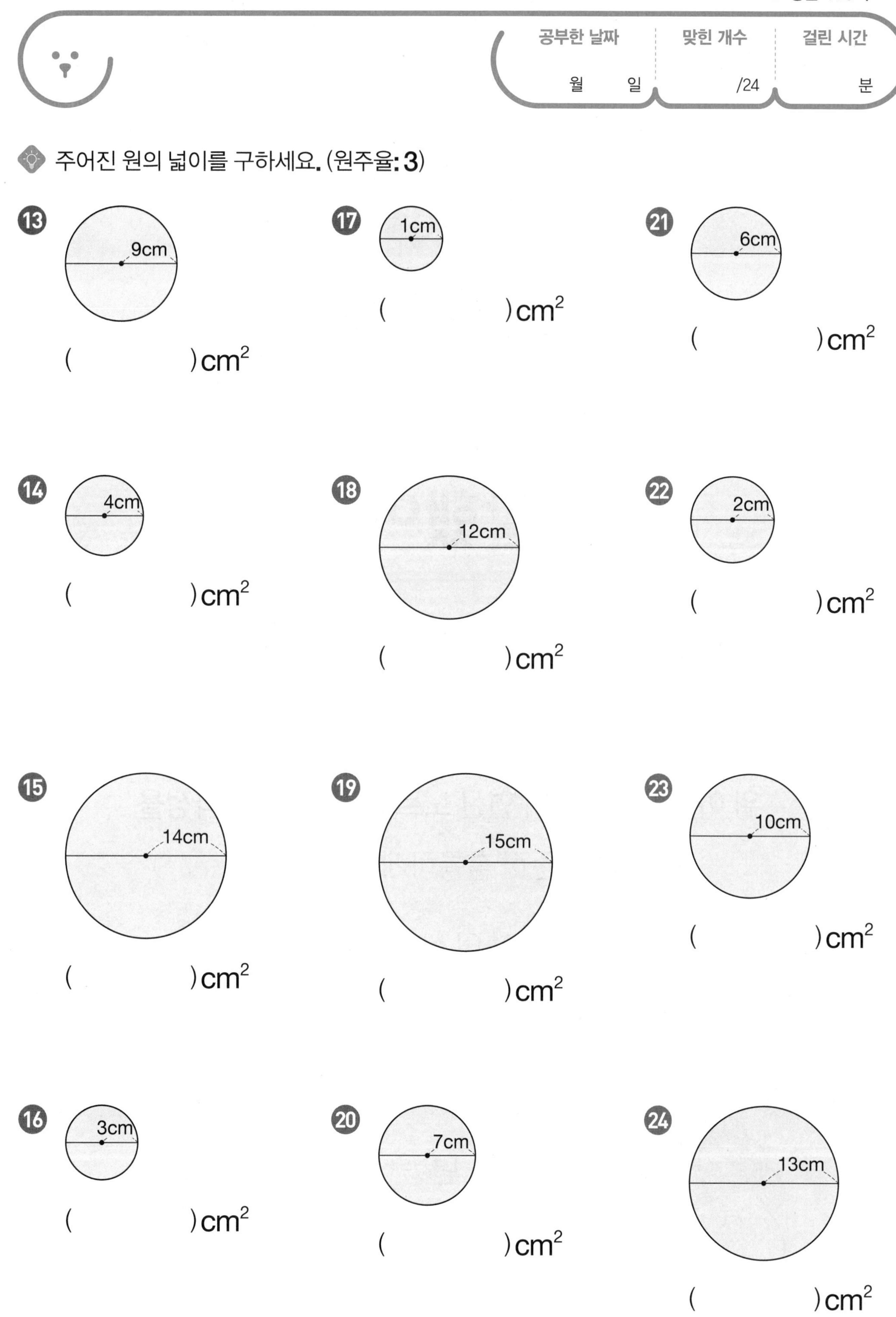

공부한 날짜
월 일
맞힌 개수
/24
걸린 시간
분
주어진 원의 넓이를 구하세요. (원주율: 3)
13
9cm
( )cm²
14
4cm
( )cm²
15
14cm
( )cm²
16
3cm
( )cm²
17
1cm
( )cm²
18
12cm
( )cm²
19
15cm
( )cm²
20
7cm
( )cm²
21
6cm
( )cm²
22
2cm
( )cm²
23
10cm
( )cm²
24
13cm
( )cm²

참 잘했어요!

이름 ____________________

위 어린이는 쌍둥이 연산 노트 6학년 2학기 과정을

스스로 꾸준히 훌륭하게 마쳤습니다.

이에 칭찬하여 이 상장을 드립니다.

년　　　월　　　일

정답

초등 12단계

6·2 복습책

6쪽 01 분모가 같은 (진분수)÷(진분수) A

❶ 5
❷ 4
❸ 7
❹ 5
❺ 2
❻ 4
❼ 2
❽ 2
❾ 2
❿ 2

7쪽

⓫ 2
⓬ 3
⓭ 3
⓮ 2
⓯ 2
⓰ 3
⓱ 2
⓲ 4
⓳ 3
⓴ 2
㉑ 6
㉒ 2
㉓ 2
㉔ 3
㉕ 2
㉖ 2
㉗ 4
㉘ 2
㉙ 4
㉚ 3
㉛ 8

8쪽 02 분모가 같은 (진분수)÷(진분수) B

❶ 5, 3, $\frac{5}{3}$, $1\frac{2}{3}$
❷ 6, 5, $\frac{6}{5}$, $1\frac{1}{5}$
❸ 8, 6, $\frac{8}{6}$, $1\frac{1}{3}$
❹ 4, 3, $\frac{4}{3}$, $1\frac{1}{3}$
❺ 8, 5, $\frac{8}{5}$, $1\frac{3}{5}$
❻ 7, 6, $\frac{7}{6}$, $1\frac{1}{6}$
❼ 9, 2, $\frac{9}{2}$, $4\frac{1}{2}$
❽ 4, 3, $\frac{4}{3}$, $1\frac{1}{3}$
❾ 5, 4, $\frac{5}{4}$, $1\frac{1}{4}$
❿ 7, 3, $\frac{7}{3}$, $2\frac{1}{3}$
⓫ 7, 5, $\frac{7}{5}$, $1\frac{2}{5}$
⓬ 6, 5, $\frac{6}{5}$, $1\frac{1}{5}$

9쪽

⓭ $1\frac{3}{4}$
⓮ 2
⓯ $1\frac{3}{4}$
⓰ $2\frac{1}{2}$
⓱ $1\frac{3}{5}$
⓲ $2\frac{1}{2}$
⓳ $1\frac{1}{6}$
⓴ $1\frac{1}{2}$
㉑ $2\frac{1}{2}$
㉒ $1\frac{2}{3}$
㉓ $1\frac{1}{5}$
㉔ $2\frac{1}{3}$
㉕ $1\frac{1}{3}$
㉖ $1\frac{4}{5}$
㉗ 2
㉘ 2
㉙ $1\frac{1}{2}$
㉚ $1\frac{1}{3}$
㉛ 3
㉜ $1\frac{1}{4}$
㉝ $1\frac{1}{2}$

10쪽 03 분모가 다른 (진분수)÷(진분수) A

❶ $\frac{12}{14}$, 12, 6
❷ $\frac{12}{24}$, 12, 3
❸ $\frac{3}{27}$, 3, 3
❹ $\frac{16}{32}$, 16, 4
❺ $\frac{12}{21}$, 12, 4
❻ $\frac{24}{27}$, 24, 2
❼ $\frac{12}{32}$, 12, 2
❽ $\frac{12}{14}$, 12, 2
❾ $\frac{4}{18}$, 4, 2
❿ $\frac{6}{15}$, 6, 2
⓫ $\frac{4}{16}$, 4, 3
⓬ $\frac{4}{10}$, 4, 2

11쪽

⓭ 2
⓮ 6
⓯ 5
⓰ 2
⓱ 3
⓲ 7
⓳ 2
⓴ 2
㉑ 4
㉒ 3
㉓ 2
㉔ 6
㉕ 4
㉖ 2
㉗ 3
㉘ 2
㉙ 3
㉚ 2
㉛ 4
㉜ 3
㉝ 4

12쪽 04 분모가 다른 (진분수)÷(진분수) B

❶ $\frac{3}{9}$, 3, 3, $2\frac{1}{3}$
❷ $\frac{2}{8}$, 2, 2, $2\frac{1}{2}$
❸ $\frac{4}{6}$, 4, 4, $1\frac{1}{4}$
❹ $\frac{2}{10}$, 2, 2, $3\frac{1}{2}$
❺ $\frac{8}{10}$, 8, 8, $2\frac{2}{3}$
❻ $\frac{10}{14}$, 10, 10, $1\frac{1}{5}$
❼ $\frac{8}{10}$, 8, 8, $2\frac{2}{3}$
❽ $\frac{6}{22}$, 6, 6, $1\frac{1}{2}$
❾ $\frac{6}{8}$, 6, 6, $1\frac{1}{6}$
❿ $\frac{6}{9}$, 6, 6, $1\frac{1}{6}$

13쪽

⓫ $1\frac{1}{2}$
⓬ $3\frac{1}{2}$
⓭ $1\frac{1}{2}$
⓮ $3\frac{1}{2}$
⓯ $1\frac{2}{5}$
⓰ $1\frac{1}{2}$
⓱ $1\frac{1}{2}$
⓲ $1\frac{1}{3}$
⓳ $1\frac{4}{5}$
⓴ $2\frac{1}{2}$
㉑ $3\frac{1}{2}$
㉒ $1\frac{4}{5}$
㉓ $4\frac{1}{2}$
㉔ $2\frac{1}{3}$
㉕ $1\frac{2}{3}$
㉖ $2\frac{1}{3}$
㉗ $1\frac{2}{5}$
㉘ $1\frac{2}{7}$
㉙ $2\frac{1}{3}$
㉚ $1\frac{1}{3}$
㉛ $1\frac{1}{3}$

14쪽 05 (자연수)÷(진분수) A

① $\frac{10}{5}$, 10, 5
② $\frac{21}{7}$, 21, $4\frac{1}{5}$
③ $\frac{30}{15}$, 30, $3\frac{3}{4}$
④ $\frac{42}{7}$, 42, 7
⑤ $\frac{22}{11}$, 22, $3\frac{1}{7}$
⑥ $\frac{18}{9}$, 18, $2\frac{1}{4}$
⑦ $\frac{40}{10}$, 40, 5
⑧ $\frac{30}{10}$, 30, $3\frac{1}{3}$
⑨ $\frac{40}{8}$, 40, 8
⑩ $\frac{33}{11}$, 33, 11
⑪ $\frac{34}{17}$, 34, $2\frac{3}{7}$
⑫ $\frac{44}{11}$, 44, 11

15쪽

⑬ 13
⑭ 9
⑮ $2\frac{1}{2}$
⑯ $5\frac{1}{2}$
⑰ 14
⑱ $3\frac{1}{4}$
⑲ 20
⑳ $8\frac{1}{2}$
㉑ $2\frac{3}{5}$
㉒ 13
㉓ 4
㉔ $5\frac{2}{3}$
㉕ $4\frac{1}{4}$
㉖ $9\frac{1}{2}$
㉗ 19
㉘ $6\frac{1}{2}$
㉙ $4\frac{1}{2}$
㉚ 9
㉛ $9\frac{1}{2}$
㉜ $5\frac{2}{3}$
㉝ 5

16쪽 06 (자연수)÷(진분수) B

① 6, 17, $5\frac{2}{3}$
② 4, 9, 9
③ 6, 11, $3\frac{2}{3}$
④ 9, 11, $7\frac{1}{3}$
⑤ 15, 18, $3\frac{3}{5}$
⑥ 12, 19, $6\frac{1}{3}$
⑦ 5, 6, 6
⑧ 6, 7, $2\frac{1}{3}$
⑨ 6, 7, $3\frac{1}{2}$
⑩ 9, 19, $6\frac{1}{3}$
⑪ 6, 8, $2\frac{2}{3}$
⑫ 6, 7, $2\frac{1}{3}$

17쪽

⑬ $4\frac{1}{3}$
⑭ 7
⑮ $3\frac{1}{2}$
⑯ 15
⑰ $8\frac{1}{2}$
⑱ 7
⑲ $7\frac{1}{2}$
⑳ 10
㉑ $2\frac{1}{4}$
㉒ 22
㉓ $4\frac{1}{4}$
㉔ $8\frac{1}{2}$
㉕ 5
㉖ $2\frac{1}{7}$
㉗ $8\frac{1}{2}$
㉘ 9
㉙ $4\frac{1}{3}$
㉚ $2\frac{1}{9}$
㉛ $9\frac{1}{2}$
㉜ $3\frac{3}{4}$
㉝ $3\frac{1}{6}$

18쪽 07 (자연수)÷(가분수) A

① $\frac{12}{3}$, 12, 2
② $\frac{12}{3}$, 12, $1\frac{1}{2}$
③ $\frac{56}{7}$, 56, $3\frac{1}{2}$
④ $\frac{21}{7}$, 21, $1\frac{1}{6}$
⑤ $\frac{15}{5}$, 15, $2\frac{1}{2}$
⑥ $\frac{28}{4}$, 28, 4
⑦ $\frac{24}{8}$, 24, $2\frac{2}{3}$
⑧ $\frac{14}{7}$, 14, $1\frac{2}{5}$
⑨ $\frac{20}{4}$, 20, $1\frac{1}{3}$
⑩ $\frac{52}{13}$, 52, $3\frac{1}{4}$

19쪽

⑪ 2
⑫ 3
⑬ $1\frac{3}{5}$
⑭ $1\frac{2}{3}$
⑮ $1\frac{3}{4}$
⑯ $3\frac{2}{3}$
⑰ 1
⑱ $6\frac{1}{2}$
⑲ $1\frac{1}{2}$
⑳ $3\frac{2}{3}$
㉑ $1\frac{5}{6}$
㉒ $5\frac{2}{3}$
㉓ $6\frac{1}{2}$
㉔ $2\frac{1}{2}$
㉕ $2\frac{3}{4}$
㉖ $4\frac{1}{2}$
㉗ 7
㉘ $3\frac{1}{2}$
㉙ $1\frac{3}{4}$
㉚ $5\frac{1}{2}$
㉛ $2\frac{1}{2}$

20쪽 08 (자연수)÷(가분수) B

① 10, 7, $3\frac{1}{2}$
② 16, 11, $5\frac{1}{2}$
③ 15, 9, $1\frac{4}{5}$
④ 10, 3, $1\frac{1}{2}$
⑤ 12, 7, $2\frac{1}{3}$
⑥ 15, 10, 2
⑦ 12, 7, $3\frac{1}{2}$
⑧ 7, 5, 5
⑨ 8, 5, $1\frac{1}{4}$
⑩ 7, 3, 3
⑪ 18, 3, $\frac{1}{2}$
⑫ 12, 7, $1\frac{3}{4}$

21쪽

⑬ $1\frac{4}{5}$
⑭ $\frac{4}{5}$
⑮ $2\frac{1}{2}$
⑯ $7\frac{1}{2}$
⑰ $5\frac{1}{2}$
⑱ $1\frac{1}{2}$
⑲ $2\frac{2}{3}$
⑳ $2\frac{1}{6}$
㉑ $1\frac{1}{3}$
㉒ 5
㉓ $3\frac{2}{3}$
㉔ $\frac{3}{5}$
㉕ 3
㉖ $1\frac{1}{4}$
㉗ $2\frac{3}{4}$
㉘ $2\frac{1}{3}$
㉙ $\frac{2}{3}$
㉚ $4\frac{1}{3}$
㉛ $\frac{5}{6}$
㉜ $1\frac{1}{2}$
㉝ $4\frac{1}{3}$

22쪽 09 (진분수)÷(대분수) A

① 7, 20, 63, 20, 63, $\frac{20}{63}$
② 8, 21, 32, 21, 32, $\frac{21}{32}$
③ 5, 7, 20, 7, 20, $\frac{7}{20}$
④ 17, 16, 51, 16, 51, $\frac{16}{51}$
⑤ 7, 8, 21, 8, 21, $\frac{8}{21}$
⑥ 10, 14, 90, 14, 90, $\frac{7}{45}$
⑦ 5, 32, 45, 32, 45, $\frac{32}{45}$
⑧ 11, 20, 33, 20, 33, $\frac{20}{33}$
⑨ 11, 8, 33, 8, 33, $\frac{8}{33}$
⑩ 16, 7, 96, 7, 96, $\frac{7}{96}$

23쪽

⑪ $\frac{7}{15}$
⑫ $\frac{6}{55}$
⑬ $\frac{7}{18}$
⑭ $\frac{5}{84}$
⑮ $\frac{2}{21}$
⑯ $\frac{3}{7}$
⑰ $\frac{8}{63}$
⑱ $\frac{3}{10}$
⑲ $\frac{5}{12}$
⑳ $\frac{9}{25}$
㉑ $\frac{7}{45}$
㉒ $\frac{7}{44}$
㉓ $\frac{24}{77}$
㉔ $\frac{16}{33}$
㉕ $\frac{7}{18}$
㉖ $\frac{8}{63}$
㉗ $\frac{7}{15}$
㉘ $\frac{35}{72}$
㉙ $\frac{25}{66}$
㉚ $\frac{5}{18}$
㉛ $\frac{9}{50}$

24쪽 10 (진분수)÷(대분수) B

① 11, $\frac{7}{11}$, $\frac{7}{66}$
② 14, $\frac{9}{14}$, $\frac{3}{14}$
③ 13, $\frac{6}{13}$, $\frac{8}{39}$
④ 16, $\frac{9}{16}$, $\frac{9}{80}$
⑤ 13, $\frac{8}{13}$, $\frac{6}{13}$
⑥ 17, $\frac{8}{17}$, $\frac{4}{17}$
⑦ 12, $\frac{5}{12}$, $\frac{5}{42}$
⑧ 16, $\frac{7}{16}$, $\frac{7}{24}$
⑨ 10, $\frac{7}{10}$, $\frac{49}{80}$
⑩ 13, $\frac{9}{13}$, $\frac{3}{26}$

25쪽

⑪ $\frac{18}{35}$
⑫ $\frac{6}{17}$
⑬ $\frac{7}{80}$
⑭ $\frac{7}{40}$
⑮ $\frac{5}{14}$
⑯ $\frac{9}{20}$
⑰ $\frac{3}{25}$
⑱ $\frac{10}{49}$
⑲ $\frac{3}{10}$
⑳ $\frac{1}{18}$
㉑ $\frac{7}{40}$
㉒ $\frac{5}{36}$
㉓ $\frac{5}{28}$
㉔ $\frac{7}{10}$
㉕ $\frac{9}{32}$
㉖ $\frac{7}{24}$
㉗ $\frac{9}{56}$
㉘ $\frac{27}{49}$
㉙ $\frac{9}{50}$
㉚ $\frac{5}{12}$
㉛ $\frac{9}{77}$

26쪽 11 (대분수)÷(진분수) A

① 8, 24, 5, 24, 5, $\frac{24}{5}$, $4\frac{4}{5}$
② 9, 27, 7, 27, 7, $\frac{27}{7}$, $3\frac{6}{7}$
③ 10, 90, 56, 90, 56, $\frac{90}{56}$, $1\frac{17}{28}$
④ 15, 30, 7, 30, 7, $\frac{30}{7}$, $4\frac{2}{7}$
⑤ 4, 28, 6, 28, 6, $\frac{28}{6}$, $4\frac{2}{3}$
⑥ 11, 77, 20, 77, 20, $\frac{77}{20}$, $3\frac{17}{20}$
⑦ 8, 40, 9, 40, 9, $\frac{40}{9}$, $4\frac{4}{9}$
⑧ 11, 88, 9, 88, 9, $\frac{88}{9}$, $9\frac{7}{9}$

27쪽

⑨ $16\frac{1}{5}$
⑩ $3\frac{5}{9}$
⑪ $1\frac{3}{4}$
⑫ $3\frac{2}{5}$
⑬ $12\frac{5}{6}$
⑭ $1\frac{7}{8}$
⑮ $13\frac{1}{2}$
⑯ $2\frac{2}{9}$
⑰ 3
⑱ $1\frac{1}{2}$
⑲ $10\frac{2}{3}$
⑳ $6\frac{1}{9}$
㉑ $4\frac{1}{2}$
㉒ $6\frac{1}{8}$
㉓ $3\frac{6}{7}$
㉔ $3\frac{1}{3}$
㉕ $4\frac{8}{9}$
㉖ 6
㉗ $1\frac{25}{56}$
㉘ $1\frac{17}{25}$
㉙ $2\frac{1}{5}$

28쪽 12 (대분수)÷(진분수) B

① 14, $\frac{14}{9}$, $\frac{8}{7}$, $\frac{16}{9}$, $1\frac{7}{9}$
② 15, $\frac{15}{8}$, $\frac{3}{2}$, $\frac{45}{16}$, $2\frac{13}{16}$
③ 5, $\frac{5}{4}$, $\frac{9}{5}$, $\frac{9}{4}$, $2\frac{1}{4}$
④ 7, $\frac{7}{4}$, $\frac{6}{5}$, $\frac{21}{10}$, $2\frac{1}{10}$
⑤ 8, $\frac{8}{3}$, $\frac{7}{4}$, $\frac{14}{3}$, $4\frac{2}{3}$
⑥ 9, $\frac{9}{8}$, $\frac{5}{3}$, $\frac{15}{8}$, $1\frac{7}{8}$
⑦ 4, $\frac{4}{3}$, $\frac{8}{3}$, $\frac{32}{9}$, $3\frac{5}{9}$
⑧ 6, $\frac{6}{5}$, $\frac{4}{3}$, $\frac{8}{5}$, $1\frac{3}{5}$
⑨ 16, $\frac{16}{9}$, $\frac{7}{4}$, $\frac{28}{9}$, $3\frac{1}{9}$
⑩ 11, $\frac{11}{8}$, $\frac{16}{5}$, $\frac{22}{5}$, $4\frac{2}{5}$

29쪽

⑪ $3\frac{1}{3}$
⑫ $2\frac{1}{4}$
⑬ $4\frac{4}{9}$
⑭ 17
⑮ $2\frac{2}{27}$
⑯ $3\frac{3}{4}$
⑰ $4\frac{4}{9}$
⑱ 10
⑲ $1\frac{1}{3}$
⑳ $3\frac{1}{21}$
㉑ 8
㉒ $4\frac{9}{10}$
㉓ $7\frac{2}{3}$
㉔ $8\frac{5}{9}$
㉕ $2\frac{5}{6}$
㉖ $3\frac{1}{9}$
㉗ $2\frac{6}{7}$
㉘ $1\frac{4}{5}$
㉙ $5\frac{11}{14}$
㉚ 11
㉛ $2\frac{1}{6}$

30쪽 13 (대분수)÷(대분수) A

❶ 12, 3, 24, 21, $\frac{24}{21}$, $1\frac{1}{7}$
❷ 9, 7, 27, 56, $\frac{27}{56}$
❸ 5, 11, 10, 11, $\frac{10}{11}$
❹ 8, 5, 32, 15, $\frac{32}{15}$, $2\frac{2}{15}$
❺ 11, 10, 77, 90, $\frac{77}{90}$
❻ 9, 5, 27, 25, $\frac{27}{25}$, $1\frac{2}{25}$
❼ 9, 10, 63, 80, $\frac{63}{80}$
❽ 8, 11, 64, 77, $\frac{64}{77}$
❾ 9, 7, 36, 49, $\frac{36}{49}$
❿ 11, 5, 11, 10, $\frac{11}{10}$, $1\frac{1}{10}$

31쪽

⑪ $\frac{11}{15}$
⑫ $\frac{6}{7}$
⑬ $2\frac{2}{9}$
⑭ $\frac{32}{49}$
⑮ $\frac{28}{45}$
⑯ $\frac{5}{6}$
⑰ $\frac{21}{25}$
⑱ $1\frac{2}{5}$
⑲ $1\frac{1}{7}$
⑳ $\frac{9}{10}$
㉑ $1\frac{1}{11}$
㉒ $\frac{33}{40}$
㉓ $\frac{45}{77}$
㉔ $1\frac{3}{14}$
㉕ $1\frac{1}{9}$
㉖ $1\frac{3}{7}$
㉗ $1\frac{4}{5}$
㉘ $1\frac{4}{45}$
㉙ $1\frac{3}{25}$
㉚ $\frac{21}{32}$
㉛ $\frac{9}{14}$

32쪽 14 (대분수)÷(대분수) B

❶ 9, 4, $\frac{9}{8}$, $\frac{3}{4}$, $\frac{27}{32}$
❷ 6, 8, $\frac{6}{5}$, $\frac{7}{8}$, $\frac{21}{20}$, $1\frac{1}{20}$
❸ 17, 7, $\frac{17}{9}$, $\frac{6}{7}$, $\frac{34}{21}$, $1\frac{13}{21}$
❹ 3, 11, $\frac{3}{2}$, $\frac{9}{11}$, $\frac{27}{22}$, $1\frac{5}{22}$
❺ 6, 13, $\frac{6}{5}$, $\frac{10}{13}$, $\frac{12}{13}$
❻ 15, 7, $\frac{15}{8}$, $\frac{6}{7}$, $\frac{45}{28}$, $1\frac{17}{28}$
❼ 5, 13, $\frac{5}{3}$, $\frac{9}{13}$, $\frac{15}{13}$, $1\frac{2}{13}$
❽ 5, 15, $\frac{5}{4}$, $\frac{7}{15}$, $\frac{7}{12}$
❾ 8, 14, $\frac{8}{5}$, $\frac{9}{14}$, $\frac{36}{35}$, $1\frac{1}{35}$
❿ 9, 9, $\frac{9}{7}$, $\frac{5}{9}$, $\frac{5}{7}$

33쪽

⑪ $\frac{6}{7}$
⑫ $1\frac{1}{27}$
⑬ $\frac{25}{36}$
⑭ $1\frac{3}{8}$
⑮ 2
⑯ $\frac{7}{8}$
⑰ $\frac{7}{13}$
⑱ $\frac{4}{5}$
⑲ $1\frac{3}{5}$
⑳ $1\frac{2}{7}$
㉑ $\frac{9}{16}$
㉒ $1\frac{1}{9}$
㉓ $\frac{25}{32}$
㉔ $2\frac{4}{7}$
㉕ $1\frac{1}{3}$
㉖ $1\frac{5}{11}$
㉗ $\frac{9}{10}$
㉘ $\frac{49}{50}$
㉙ $\frac{28}{51}$
㉚ $\frac{16}{21}$
㉛ $\frac{10}{21}$

34쪽 01 (소수 한 자리 수)÷(소수 한 자리 수) A

❶ 918, 2, 459
❷ 879, 3, 293
❸ 668, 2, 334
❹ 708, 2, 354
❺ 548, 2, 274
❻ 684, 2, 342
❼ 794, 2, 397
❽ 753, 3, 251
❾ 651, 3, 217
❿ 848, 2, 424

35쪽

⓫ 318
⓬ 411
⓭ 439
⓮ 206
⓯ 357
⓰ 261
⓱ 402
⓲ 327
⓳ 284
⓴ 344
㉑ 248
㉒ 446
㉓ 254
㉔ 231
㉕ 478
㉖ 382
㉗ 239
㉘ 259
㉙ 232
㉚ 493
㉛ 362

36쪽 02 (소수 한 자리 수)÷(소수 한 자리 수) B

❶ 658, 2, 658, 2, 329
❷ 663, 3, 663, 3, 221
❸ 696, 2, 696, 2, 348
❹ 552, 2, 552, 2, 276
❺ 824, 2, 824, 2, 412
❻ 498, 2, 498, 2, 249
❼ 458, 2, 458, 2, 229
❽ 788, 2, 788, 2, 394
❾ 584, 2, 584, 2, 292
❿ 928, 2, 928, 2, 464
⓫ 722, 2, 722, 2, 361
⓬ 786, 3, 786, 3, 262

37쪽

⓭ 367
⓮ 266
⓯ 431
⓰ 223
⓱ 283
⓲ 204
⓳ 253
⓴ 287
㉑ 339
㉒ 298
㉓ 326
㉔ 461
㉕ 238
㉖ 311
㉗ 406
㉘ 214
㉙ 343
㉚ 247
㉛ 256
㉜ 443
㉝ 281

38쪽 03 (소수 한 자리 수)÷(소수 한 자리 수) C

❶ 3, 4, 1
❷ 2, 7, 5
❸ 4, 2, 3
❹ 2, 5, 2
❺ 2, 1, 8
❻ 3, 2, 3
❼ 4, 0, 3
❽ 3, 6, 6
❾ 2, 9, 9
❿ 4, 5, 8
⓫ 4, 4, 1
⓬ 3, 2, 1

39쪽

⓭ 428
⓮ 228
⓯ 358
⓰ 409
⓱ 444
⓲ 481
⓳ 483
⓴ 396
㉑ 273
㉒ 447
㉓ 381
㉔ 278
㉕ 353
㉖ 468
㉗ 244
㉘ 289
㉙ 328
㉚ 331

40쪽 04 (소수 두 자리 수)÷(소수 두 자리 수) A

❶ 459, 27, 17
❷ 672, 48, 14
❸ 462, 14, 33
❹ 957, 11, 87
❺ 475, 19, 25
❻ 741, 39, 19
❼ 792, 36, 22
❽ 578, 34, 17
❾ 828, 46, 18
❿ 696, 29, 24

41쪽

⓫ 11
⓬ 53
⓭ 17
⓮ 43
⓯ 18
⓰ 27
⓱ 27
⓲ 79
⓳ 72
⓴ 36
㉑ 21
㉒ 39
㉓ 85
㉔ 22
㉕ 16
㉖ 28
㉗ 33
㉘ 19
㉙ 62
㉚ 15
㉛ 13

42쪽 05 (소수 두 자리 수)÷(소수 두 자리 수) B

❶ 595, 35, 595, 35, 17
❷ 864, 48, 864, 48, 18
❸ 456, 19, 456, 19, 24
❹ 408, 24, 408, 24, 17
❺ 855, 15, 855, 15, 57
❻ 468, 39, 468, 39, 12
❼ 238, 17, 238, 17, 14
❽ 432, 27, 432, 27, 16
❾ 629, 37, 629, 37, 17
❿ 442, 34, 442, 34, 13
⓫ 598, 46, 598, 46, 13
⓬ 841, 29, 841, 29, 29

43쪽

⓭ 22
⓮ 24
⓯ 18
⓰ 44
⓱ 14
⓲ 18
⓳ 14
⓴ 32
㉑ 13
㉒ 88
㉓ 13
㉔ 29
㉕ 13
㉖ 17
㉗ 13
㉘ 31
㉙ 11
㉚ 19
㉛ 26
㉜ 25
㉝ 18

44쪽 06 (소수 두 자리 수)÷(소수 두 자리 수) C

❶ 3, 4
❷ 2, 9
❸ 4, 6
❹ 1, 6
❺ 1, 5
❻ 1, 7
❼ 3, 8
❽ 7, 6
❾ 1, 6
❿ 1, 9

45쪽

⓫ 19
⓬ 19
⓭ 23
⓮ 46
⓯ 12
⓰ 71
⓱ 28
⓲ 12
⓳ 14
⓴ 21
㉑ 16
㉒ 12
㉓ 21
㉔ 23
㉕ 19

46쪽 07 (소수 두 자리 수)÷(소수 한 자리 수) A

❶ 31.2, 26, 1.2
❷ 57.8, 34, 1.7
❸ 75.2, 47, 1.6
❹ 87.1, 13, 6.7
❺ 45.6, 38, 1.2
❻ 73.6, 46, 1.6
❼ 97.2, 12, 8.1
❽ 84.1, 29, 2.9
❾ 89.3, 47, 1.9
❿ 23.8, 17, 1.4

47쪽

⓫ 3.1
⓬ 2.7
⓭ 6.1
⓮ 1.4
⓯ 1.8
⓰ 1.9
⓱ 1.2
⓲ 1.7
⓳ 1.7
⓴ 1.2
㉑ 7.2
㉒ 2.7
㉓ 1.7
㉔ 3.8
㉕ 8.7
㉖ 1.7
㉗ 4.4
㉘ 1.9
㉙ 2.4
㉚ 3.3
㉛ 1.6

48쪽 08 (소수 두 자리 수)÷(소수 한 자리 수) B

❶ 2, 2
❷ 1, 8
❸ 3, 9
❹ 2, 3
❺ 1, 4
❻ 1, 4
❼ 5, 7
❽ 1, 5
❾ 1, 1
❿ 1, 5

49쪽

⓫ 3.2
⓬ 1.4
⓭ 1.7
⓮ 3.5
⓯ 1.5
⓰ 6.2
⓱ 1.8
⓲ 3.2
⓳ 2.9
⓴ 8.8
㉑ 1.9
㉒ 2.4
㉓ 2.1
㉔ 8.3
㉕ 1.4

50쪽 09 (소수 두 자리 수)÷(소수 한 자리 수) C

① 1.3 ② 6.6 ③ 1.6 ④ 2.9 ⑤ 5.3
⑥ 1.6 ⑦ 1.1 ⑧ 2.6 ⑨ 7.9 ⑩ 2.6
⑪ 1.3 ⑫ 2.7 ⑬ 4.6 ⑭ 2.5 ⑮ 1.9

51쪽

⑯ 1.9 ⑰ 4.7 ⑱ 1.5 ⑲ 2.6 ⑳ 2.1
㉑ 1.8 ㉒ 2.3 ㉓ 1.8 ㉔ 8.6 ㉕ 1.8
㉖ 4.3 ㉗ 2.2 ㉘ 1.1 ㉙ 1.3 ㉚ 3.4

52쪽 10 (자연수)÷(소수 한 자리 수) A

① 110, 22, 5
② 280, 56, 5
③ 260, 65, 4
④ 300, 75, 4
⑤ 430, 86, 5
⑥ 190, 38, 5
⑦ 760, 95, 8
⑧ 420, 84, 5
⑨ 170, 34, 5
⑩ 180, 45, 4

53쪽

⑪ 2 ⑫ 8 ⑬ 5 ⑭ 6 ⑮ 5 ⑯ 5 ⑰ 5
⑱ 6 ⑲ 5 ⑳ 6 ㉑ 8 ㉒ 5 ㉓ 5 ㉔ 6
㉕ 2 ㉖ 4 ㉗ 5 ㉘ 8 ㉙ 5 ㉚ 5 ㉛ 8

54쪽 11 (자연수)÷(소수 한 자리 수) B

① 510, 85, 510, 85, 6
② 150, 25, 150, 25, 6
③ 110, 55, 110, 55, 2
④ 430, 86, 430, 86, 5
⑤ 600, 75, 600, 75, 8
⑥ 360, 72, 360, 72, 5
⑦ 190, 38, 190, 38, 5
⑧ 100, 25, 100, 25, 4
⑨ 280, 56, 280, 56, 5
⑩ 380, 95, 380, 95, 4
⑪ 450, 75, 450, 75, 6
⑫ 170, 34, 170, 34, 5

55쪽

⑬ 6 ⑭ 5 ⑮ 5 ⑯ 5 ⑰ 5 ⑱ 8 ⑲ 5
⑳ 2 ㉑ 5 ㉒ 5 ㉓ 5 ㉔ 8 ㉕ 2 ㉖ 4
㉗ 2 ㉘ 4 ㉙ 5 ㉚ 5 ㉛ 5 ㉜ 5 ㉝ 4

56쪽 12 (자연수)÷(소수 한 자리 수) C

① 4 ② 5 ③ 6 ④ 5 ⑤ 4
⑥ 2 ⑦ 8 ⑧ 5 ⑨ 4 ⑩ 4

57쪽

⑪ 5 ⑫ 5 ⑬ 6 ⑭ 5 ⑮ 5
⑯ 5 ⑰ 5 ⑱ 6 ⑲ 6 ⑳ 4
㉑ 5 ㉒ 5 ㉓ 4 ㉔ 5 ㉕ 5

58쪽 13 (자연수)÷(소수 두 자리 수) A

① 6300, 126, 50
② 11400, 228, 50
③ 14700, 245, 60
④ 15900, 318, 50
⑤ 15600, 195, 80
⑥ 17800, 356, 50
⑦ 7300, 146, 50
⑧ 14000, 175, 80
⑨ 17100, 285, 60
⑩ 13800, 345, 40

59쪽

⑪ 60
⑫ 50
⑬ 80
⑭ 50
⑮ 50
⑯ 60
⑰ 50
⑱ 50
⑲ 50
⑳ 80
㉑ 60
㉒ 50
㉓ 60
㉔ 20
㉕ 60
㉖ 50
㉗ 20
㉘ 40
㉙ 50
㉚ 20
㉛ 50

60쪽 14 (자연수)÷(소수 두 자리 수) B

① 5, 0
② 5, 0
③ 2, 0
④ 6, 0
⑤ 5, 0
⑥ 8, 0
⑦ 8, 0
⑧ 5, 0
⑨ 8, 0
⑩ 2, 0

61쪽

⑪ 40
⑫ 40
⑬ 50
⑭ 50
⑮ 50
⑯ 40
⑰ 80
⑱ 60
⑲ 50
⑳ 80
㉑ 50
㉒ 50
㉓ 50
㉔ 60
㉕ 50

62쪽 15 (자연수)÷(소수 두 자리 수) C

① 20
② 50
③ 50
④ 40
⑤ 40
⑥ 40
⑦ 50
⑧ 50
⑨ 80
⑩ 50
⑪ 60
⑫ 80
⑬ 40
⑭ 50
⑮ 60

63쪽

⑯ 40
⑰ 50
⑱ 50
⑲ 50
⑳ 80
㉑ 60
㉒ 50
㉓ 80
㉔ 50
㉕ 60
㉖ 40
㉗ 20
㉘ 80
㉙ 80
㉚ 20

64쪽 16 몫을 자연수 부분까지 구하기 A

① 2, 7, 1, 8, 7, 0, 6, 3, 7 / 3
② 4, 1, 3, 2, 1, 0, 8, 2 / 4
③ 7, 5, 4, 9, 4, 0, 3, 5, 5 / 8
④ 8, 2, 7, 2, 2, 0, 1, 8, 2 / 8
⑤ 4, 1, 2, 4, 1, 0, 6, 4 / 4
⑥ 2, 5, 1, 4, 4, 0, 3, 5, 5 / 3
⑦ 3, 1, 2, 1, 1, 0, 7, 3 / 3
⑧ 8, 5, 4, 8, 3, 0, 3, 0, 0 / 9
⑨ 2, 3, 1, 6, 3, 0, 2, 4, 6 / 2
⑩ 8, 3, 2, 4, 1, 0, 9, 1 / 8
⑪ 5, 3, 4, 5, 3, 0, 2, 7, 3 / 5
⑫ 7, 6, 5, 6, 5, 0, 4, 8, 2 / 8

65쪽

⑬ 6, 8, 4, 8, 7, 0, 6, 4, 6
⑭ 1, 4, 9, 4, 0, 3, 6, 4
⑮ 5, 8, 4, 0, 7, 0, 6, 4, 6
⑯ 4, 6, 2, 4, 4, 0, 3, 6, 4
⑰ 6, 3, 4, 8, 3, 0, 2, 4, 6
⑱ 6, 3, 3, 6, 2, 0, 1, 8, 2
⑲ 4, 6, 1, 2, 2, 0, 1, 8, 2
⑳ 2, 4, 1, 8, 4, 0, 3, 6, 4
㉑ 3, 4, 2, 7, 4, 0, 3, 6, 4
㉒ 7, 1, 4, 9, 1, 0, 7, 3
㉓ 8, 5, 5, 6, 4, 0, 3, 5, 5
㉔ 6, 1, 4, 2, 1, 0, 7, 3

66쪽 17 묷을 자연수 부분까지 구하기 B

① 7	⑥ 3	⑪ 7
② 7	⑦ 5	⑫ 5
③ 8	⑧ 9	⑬ 3
④ 8	⑨ 3	⑭ 7
⑤ 1	⑩ 6	⑮ 6

67쪽

⑯ 3	㉑ 4	㉖ 2
⑰ 3	㉒ 7	㉗ 6
⑱ 5	㉓ 8	㉘ 9
⑲ 9	㉔ 5	㉙ 6
⑳ 3	㉕ 8	㉚ 7

70쪽 19 몫을 반올림하여 나타내기 B

① 2.29	⑥ 6.86	⑪ 4.67
② 5.89	⑦ 5.38	⑫ 5.57
③ 7.78	⑧ 8.33	⑬ 7.71
④ 8.33	⑨ 1.88	⑭ 5.83
⑤ 6.11	⑩ 2.83	⑮ 1.56

71쪽

⑯ 7.33	㉑ 4.88	㉖ 1.67
⑰ 7.56	㉒ 2.63	㉗ 5.11
⑱ 8.83	㉓ 2.89	㉘ 8.71
⑲ 3.56	㉔ 5.86	㉙ 4.67
⑳ 5.17	㉕ 6.44	㉚ 3.78

68쪽 18 몫을 반올림하여 나타내기 A

① 8. 3, 7, 5, 6, 4, 3, 0, 2, 4, 6, 0, 5, 6, 4, 0, 4, 0, 0 / 8, 4, 8, 3, 8

② 8, 4, 2, 8, 5, 6, 3, 0, 2, 8, 2, 0, 1, 4, 6, 0, 5, 6, 4 / 8, 4, 8, 4, 3

③ 2, 1, 6, 6, 1, 2, 1, 0, 6, 4, 0, 3, 6, 4, 0, 3, 6, 4 / 2, 2, 2, 1, 7

④ 6, 3, 3, 3, 1, 8, 1, 0, 9, 1, 0, 9, 1, 0, 9, 1 / 6, 3, 6, 3, 3

69쪽

⑤ 1, 3, 3, 3, 9, 3, 0, 2, 7, 3 , 0, 2, 7, 3, 0, 2, 7, 3 / 1, 3, 1, 3, 3

⑥ 4, 1, 4, 2, 2, 8, 1, 0, 7, 3, 0, 2, 8, 2, 0, 1, 4, 6 / 4, 1, 4, 1, 4

⑦ 2, 8, 5, 7, 1, 4, 6, 0, 5, 6, 4, 0, 3, 5, 5, 0, 4, 9, 1 / 2, 9, 2, 8, 6

⑧ 2, 5, 5, 5, 1, 8, 5, 0, 4, 5, 5, 0, 4, 5, 5, 0, 4, 5, 5 / 2, 6, 2, 5, 6

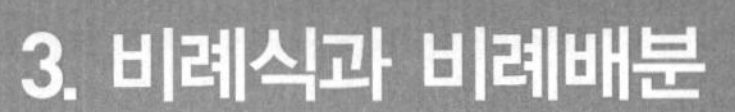

72쪽 01 비의 성질 A

❶ 6, 2, 9, 3
❷ 6, 4, 9, 6
❸ 10, 8, 15, 12
❹ 4, 6, 6, 9
❺ 16, 2, 24, 3
❻ 8, 10, 12, 15
❼ 12, 14, 18, 21
❽ 2, 4, 3, 6
❾ 14, 6, 21, 9
❿ 18, 10, 27, 15

73쪽

⓫ 4, 18, 6, 27
⓬ 8, 2, 12, 3
⓭ 10, 16, 15, 24
⓮ 8, 18, 12, 27
⓯ 6, 14, 9, 21
⓰ 16, 10, 24, 15
⓱ 16, 18, 24, 27
⓲ 6, 10, 9, 15
⓳ 10, 4, 15, 6
⓴ 12, 2, 18, 3

74쪽 02 비의 성질 B

❶ 18, 12, 12, 8
❷ 48, 18, 32, 12
❸ 30, 12, 20, 8
❹ 30, 48, 20, 32
❺ 18, 30, 12, 20
❻ 6, 30, 4, 20
❼ 48, 42, 32, 28
❽ 6, 24, 4, 16
❾ 42, 6, 28, 4
❿ 24, 18, 16, 12

75쪽

⓫ 24, 42, 16, 28
⓬ 38, 42, 24, 28
⓭ 24, 54, 16, 36
⓮ 42, 18, 28, 12
⓯ 36, 6, 24, 4
⓰ 18, 6, 12, 4
⓱ 18, 48, 12, 32
⓲ 48, 30, 32, 20
⓳ 30, 36, 20, 24
⓴ 42, 24, 28, 16

76쪽 03 간단한 자연수의 비로 나타내기 A

❶ 7, 3
❷ 1, 3
❸ 5, 3
❹ 2, 5
❺ 5, 6
❻ 1, 6
❼ 8, 5
❽ 3, 4
❾ 2, 9
❿ 7, 6
⓫ 4, 5
⓬ 9, 2
⓭ 7, 2
⓮ 5, 7
⓯ 4, 7
⓰ 4, 1
⓱ 3, 7
⓲ 1, 2
⓳ 6, 7
⓴ 5, 1
㉑ 8, 3

77쪽

㉒ 5, 7
㉓ 4, 5
㉔ 4, 1
㉕ 1, 2
㉖ 2, 3
㉗ 1, 7
㉘ 6, 5
㉙ 3, 5
㉚ 1, 4
㉛ 3, 4
㉜ 7, 1
㉝ 5, 9
㉞ 4, 9
㉟ 9, 4
㊱ 7, 3
㊲ 2, 5
㊳ 8, 7
㊴ 1, 6
㊵ 5, 4
㊶ 7, 9
㊷ 5, 2

78쪽 04 간단한 자연수의 비로 나타내기 B

❶ 1, 4
❷ 5, 8
❸ 3, 4
❹ 7, 4
❺ 5, 2
❻ 3, 10
❼ 4, 3
❽ 2, 5
❾ 10, 3
❿ 3, 1
⓫ 5, 1
⓬ 8, 3
⓭ 4, 3
⓮ 5, 7
⓯ 7, 3
⓰ 3, 5
⓱ 5, 4
⓲ 7, 2

79쪽

⓳ 1, 2
⓴ 6, 7
㉑ 4, 3
㉒ 4, 5
㉓ 3, 5
㉔ 2, 7
㉕ 8, 7
㉖ 5, 6
㉗ 3, 4
㉘ 2, 1
㉙ 1, 4
㉚ 5, 3
㉛ 7, 9
㉜ 4, 9
㉝ 5, 4
㉞ 3, 8
㉟ 1, 7
㊱ 7, 4

80쪽 05 비례식의 성질 A

❶ 10
❷ 3
❸ 3
❹ 12
❺ 4
❻ 10
❼ 8
❽ 9
❾ 4
❿ 36
⓫ 14
⓬ 32
⓭ 28
⓮ 12
⓯ 4
⓰ 24
⓱ 6
⓲ 6
⓳ 3
⓴ 27
㉑ 36

81쪽

㉒ 24
㉓ 27
㉔ 8
㉕ 8
㉖ 4
㉗ 18
㉘ 10
㉙ 12
㉚ 10
㉛ 12
㉜ 16
㉝ 21
㉞ 14
㉟ 3
㊱ 10
㊲ 36
㊳ 32
㊴ 9
㊵ 4
㊶ 28
㊷ 28

82쪽 06 비례배분 A

❶ 21, 1, 7
❷ 9, 4, 12
❸ 20, 5, 50
❹ 2, 4, 8
❺ 6, 3 18
❻ 5, 4, 20
❼ 10, 7, 35
❽ 5, 3, 15
❾ 12, 3, 18
❿ 18, 4, 24

83쪽

⓫ 4, 3, 6
⓬ 3, 4, 4
⓭ 4, 4, 16
⓮ 10, 5, 25
⓯ 6, 2, 12
⓰ 12, 4, 16
⓱ 8, 1, 4
⓲ 2, 2, 4
⓳ 4, 7, 14
⓴ 12, 5, 30

84쪽 01 원주 구하기 A

❶ 12	❺ 27	❾ 15
❷ 39	❻ 24	❿ 30
❸ 33	❼ 21	⓫ 42
❹ 18	❽ 36	⓬ 9

85쪽

⓭ 15	⓱ 30	㉑ 27
⓮ 24	⓲ 3	㉒ 36
⓯ 42	⓳ 66	㉓ 6
⓰ 12	⓴ 39	㉔ 45

86쪽 02 지름 또는 반지름 구하기 A

❶ 4	❼ 16	⓭ 2
❷ 10	❽ 6	⓮ 8
❸ 1	❾ 18	⓯ 12
❹ 14	❿ 17	⓰ 15
❺ 11	⓫ 9	⓱ 5
❻ 7	⓬ 3	⓲ 13

87쪽

⓳ 16	㉕ 3	㉛ 13
⓴ 10	㉖ 18	㉜ 1
㉑ 11	㉗ 8	㉝ 5
㉒ 6	㉘ 9	㉞ 17
㉓ 7	㉙ 12	㉟ 14
㉔ 15	㉚ 2	㊱ 4

88쪽 03 원의 넓이 구하기 A

❶ 192	❺ 75	❾ 300
❷ 507	❻ 363	❿ 12
❸ 675	❼ 3	⓫ 147
❹ 48	❽ 588	⓬ 432

89쪽

⓭ 243	⓱ 3	㉑ 108
⓮ 48	⓲ 432	㉒ 12
⓯ 588	⓳ 675	㉓ 300
⓰ 27	⓴ 147	㉔ 507

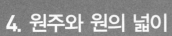

MEMO